Idrissou SAADOU

Ma Vie d'Enfance

Idrissou SAADOU

Ma Vie d'Enfance

Éditions Muse

Imprint

Cover image: www.ingimage.com

Publisher:
Éditions Muse
is a trademark of
Dodo Books Indian Ocean Ltd. and OmniScriptum S.R.L publishing group

120 High Road, East Finchley, London, N2 9ED, United Kingdom
Str. Armeneasca 28/1, office 1, Chisinau MD-2012, Republic of Moldova, Europe
Printed at: see last page
ISBN: 978-620-4-96339-6

Auteur : Idrissou SAADOU

<u>Auteur</u> **: Idrissou SAADOU**

MA VIE D'ENFANCE
(Titre de l'ouvrage)

Auteur : Idrissou SAADOU

Un Amour Vrai Mais Impossible

Auteur : **Idrissou SAADOU**

Afi est une jeune fille naturellement comme les autres mais ayant une particularité. Afi dès son entré en classe de sixième est une fille avec une qualité exceptionnelle. Elle est de ces genres de fille qui ne se lève pas se faire marcher dessus ; que tu sois homme, femme, jeune ou même vieux.

Naturellement, il y a toujours ce petit garçon qu'une fille ne vas presque jamais admirer. Ce fut le cas de SONAGNON. SONAGNON est ce jeune garçon qui ne calcule personne ; que tu sois fille ou garçon, à partir du moment où SONAGNON n'a rien avoir avec toi, il s'en fou pas mal. Beaucoup sont ces filles qui le considèrent comme un égoïste. Parmi ces filles y figure Afi.

Afi n'aimait pas du tout voire la tête de SONAGNON parce que, pour la plupart des d'entre elles, SONAGNON se voir comme le plus intelligent. Mais en réalité, Afi va connaître SONANGON en classe de quatrième véritablement. Il ne se sont jamais parler mais Afi connaissait déjà SONAGNON qui venait voir des amis dans la salle de classe de Afi. Malheureusement, SONAGNON ne connaissait pas Afi et donc du coup, ne la calculait pas.

Arrivé en classe de troisième, Afi a pris l'habitude

de se rendre cette fois-ci dans la salle de SONAGNON, vu qu'elle a une amie dans sa classe. Mais le jour où l'occasion s'est présentée pour que SONAGNON et Afi se parlent, cela s'est épuisé par des injures de part et d'autre. A cette occasion, Afi a eu le temps de dire à SONAGNON ce qu'elle a l'habitude de penser de lui.

Il y a un adage qui dit : << *C'est celui qu'on déteste, haïsse qu'on finit par épouser* >> SONAGNON et Afi réussissent à leur examen de BEPC après avoir repris la classe de troisième. Arrivé en seconde, SONAGNON avait décidé de faire la série littéraire contrairement à Afi qui a choisi la série Scientifique. Dans sa classe, SONAGNON a créé son groupe et avait choisir ceux qu'il veut pour rester avec lui dans son groupe vu qu'il est le modérateur. En choisissant ceux qui vont rester avec lui dans le groupe il en reste une place vacante que personne n'occupe.

Vu ce qui se passe avec les difficultés qu'elle rencontre en science, Afi décida de changer de série et rejoignit la série de SONAGNON et dans la même classe que SONAGNON.

Ce jour-là, ce jour où Afi a rejoignit la classe de SONAGNON, c'était un après-midi et SONAGNON était venir un peu plus tard comme prévu à l'école et même avant son arrivé, l'amie de Afi qui était dans la même classe que SONAGNON est dans le même groupe que lui et la seule place vacante qui restait, elle a demandé à Afi de prendre cette place.

A l'arrivé de SONAGNON à l'école, il constata la présence de Afi et resta au dehors croyant qu'elle était de passage et allait partir avant de son professeur celle-ci allait partir. Mais malheureusement, elle ne partit point jusqu'à l'arrivé du professeur de ce soir puis, SONAGNON rejoignit sa classe et alla rejoindre sa place et à sa grande surprise, Afi a suivi le cours avec eux. Intrigué, SONAGNON demanda à son voisin de table VIDJINAGNI :

- Que fait cette fille dans notre classe ?
- Tout comme toi, je surpris de constater qu'elle ait suivi le cours avec nous.
- Ou bien elle a changé de série ?
- Peut-être. Il va falloir lui demander.
- De toute façon, elle ne va pas rester dans notre groupe hein.
- Pourquoi cette décision ?

- Tout simplement parce que je ne veux pas et je ne la digère pas.
- A la sortir, demande à son amie afin de savoir si elle a changé ou pas de série et de lui trouver une autre place.

A la sortie des cours, SONAGNON interpella la camarade de Afi pour lui faire savoir ses intentions la concernant et ne voulait pas qu'elle reste dans le même groupe qu'eux.

- Pourquoi tu ne veux pas qu'elle reste dans notre groupe ? Lui répliqua la camarade de Afi
- Parce qu'on ne se supporte pas depuis la nuit des temps et je ne veux rester dans le même groupe que quelqu'un et se sentir gêné. Donc demande lui s'il te plaît de changer gentiment de groupe.
- Mais personne n'a occupé cette place alors pour quelle raison il faut la renvoyer ?
- Parce que j'ai un ami qui a demandé rester dans le même groupe que moi et c'est à lui que je réserve cette place.
- De toute façon moi je ne pourrai rien lui dire si

ce n'est toi-même qui le fasse.

Cette année où SONAGNON et Afi fient la seconde, était l'année où la grève avait été accentué et on venait au cours uniquement les lundi et vendredi. Les jours restants, sont des jours d'amusement.

SONAGNON était un élève studieux jouant tout le temps l'ère sérieux. Et pour ne pas perdre tous ces moments où ils ne font pas cours, SONAGNON a constitué un groupe de travail en Anglais et en Histoire : ses deux matières inébranlables.

SONAGNON occupait ses camarades à travailler dans ces deux matières là quand un jour, Afi laissa de son côté, l'orgueil et suivi une séance de renforcement avec SONAGNON et son groupe mais en se tenant à l'écart. Elle était émerveillée de voir SONAGNON dans la posture d'enseignant avec cette manière douce et rigoureux qu'il a d'expliquer les choses aux camarades et avait aussi une facilité à amener ses camarades à comprendre le cours sans aucune difficulté quelconque.

Ne sachant pas comment se rapprocher de SONAGNON directement pour lui demander à rejoindre le groupe, elle passa par son amie :

- Mais tu es méchante ma chérie. Dis Afi à son amie.

- Mais en quoi donc suis-je méchante ? Dis-moi.

- Tu ne pouvais pas me tenir informé de cette séance de renforcement que tu suis avec SONAGNON pour que je vous suis aussi ?

- Tu blagues j'espère ?

- Je suis plus que sérieuse. Ou ai-je l'ère de quelqu'un qui peut blaguer ?

- Mais je ne pouvais pas savoir vu que tous deux, vous vous détester encore.

- Le fait qu'on ne s'aime pas n'a rien avoir avec la connaissance que je peux m'acquérir.

- Dans ce cas-là, demain je vais lui en parler pour voir s'il va accepter que tu rejoignes le groupe. Mais je ne suis pas convaincu qu'il puisse accepter.

A ces mots, les deux amis se faussèrent compagnie et chacun regagna sa maison ce soir-là.

SONAGNON élève rigoureux envers lui-même, ne

perd pas son temps à se divertir, il est presque tout le temps devant son cahier entrain d'apprendre un cours ou entrain de faire un exercice. Bin qu'il ne se voyait pas trop dans les autres matières, SONAGNON se débrouille pas mal dans ces matières-là. Des fois même quand tout le monde est déjà au lit, c'est à ce moment -là que SONAGNON a un cahier à la main entrain de revoir ses cours.

Le lendemain, il était prévu de faire le cours de d'Histoire mais malheureusement, le professeur ne sera pas là parce qu'il y a grève. Puis SONAGON reprit ses camarades pour se renforcer en attendant que les grèves ne prennent fin.

Avant de commencer, l'amie de Afi alla voir SONAGNON pour lui faire part de l'envie de Afi à rejoindre le groupe pour les séances de renforcement :

- SONAGNON, je voudrais te voir dit l'amie.
- Pour qu'elle raison donc ?
- Afi m'a fait part hier de son envie de rejoindre notre groupe d'étude et ne savait pas comment se rapprocher de toi pour te le faire savoir.

- Si c'est pour le travail, elle peut nous rejoindre. Je n'y trouve aucun inconvénient moi.

- D'accord merci beaucoup donc pour avoir accepté.

- Pourquoi me remercier ?

- Je me disais vu que vous vous détester, tu n'allais pas accepter.

- Rectification, au prime abord, c'est elle qui me déteste et non le contraire donc je n'y trouve pas d'inconvénient si elle souhaite nous rejoindre pour le travail.

L'ami de Afi alla la voir rapidement pour lui faire apprendre la décision de SONAGNON.

- Afi tu peux nous rejoindre, on va commencer bientôt.

- Il a accepté que je vous rejoigne ?

- Evidemment qu'il a accepté. Il ne peut pas refuser.

Afi s'en pressa de rejoindre le groupe avant qu'ils ne commencent par travailler. Lorsqu'elle rejoint le groupe, sachant qu'elle n'a pas suivi le début avec eux, et pour l'aider à être au même niveau que tout le monde, SONAGNON demanda les inquiétudes de chacun et voulais savoir les problèmes que chacun ait rencontré.

- Moi j'aurai du mal à vous suivre vu que je n'ai pas commencé depuis le début avec vous. Déclara Afi.

- Il n'y a pas de souci, nous allons faire un feedback sur tout cela afin de vous permettre de nous suivre.

SONAGNON s'est permettre de faire un feedback sur tout ce qu'ils ont eu a vu depuis le début qu'ils ont commencé afin de permettre à Afi de se mettre au pas.

Afi était stupéfait devant la manière dont SONAGNON lui expliquait les choses et elle avait de ces aisances à comprendre l'explication de SONAGNON sans aucune difficulté quelconque.

A la fin de chaque séance, SONAGNON trouvait toujours quelque chose pour faire rire les gags avant que tout le monde ne se sépare. Afi avait tellement aimé la manière dont SONAGNON dirige les séances et ses blagues pour faire rire les gags.

Auteur : Idrissou SAADOU

Ce soir quand Afi est rentré à la maison, et qu'elle a pris son cahier pour reprendre les exercices que SONAGNON a donné pour la séance qui va suivre, elle ne voyait dans le cahier, que SONAGNON qui lui apparaît dans ses imaginations. Dans le même temps SONAGNON chez lui révisait son cours du lendemain.

Trois mois plus tard, Afi alla voir son Amie pour lui faire un aveu :

- Ma chère je crois que je suis tombée amoureuse.

- Tombée amoureuse !? Et de qui donc ?

- SONAGNON. Je crois que j'aime SONAGNON. On s'est trop rapproché ces temps-ci et je crois que je nourris de sentiment pour lui.

- Je n'en disconviens pas sur le fait que vous vous êtes trop rapproché ces trois derniers mois. Mais reste à savoir si lui aussi nourrit de sentiment pour toi. Sinon tel que je connais SONAGNON, ce n'est pas quelqu'un qui pense à une relation actuellement à ce que je sache.

- Et comment pourrais-je me convaincre que lui aussi nourrit de sentiment envers ma personne ?

- C'est simple. Il faut qu'on demande à son ami.
- Pourquoi à son ami ?
- Parce qu'ils sont tout le temps ensemble et peut-être qu'il lui aurait déjà dit cela.
- Ok ! Allons lui demander donc.

Afin et son amie se sont rapprocher de l'ami de SONAGNON pour lui demander à savoir si SONAGNON lui aurait déjà dit avoi des sentiments pour Afi.

- Arsène dis-nous.
- Quoi donc ?
- SONAGNON t'aurait déjà dit au hasard avoir nourrit de sentiment pour Afi ?
- Pourquoi une telle question ?
- Tout simplement parce que c'est le cas avec Afi.
- Rire. Tu me faire rire sais-tu ?
- De quoi donc ?

- Donc tu penses que même si SONAGNON m'avait dit une telle chose, moi j'allais t'en parler ? De toute façon, il ne m'a rien dit. Il est vrai que nous sommes presque tout le temps ensemble et tous ceux dont on discute c'est comment faire pour réussir dans la vie et rien de plus. Autrement dit, je ne sais pas si SONAGON nourrit de sentiment pour Afi ou pas. Ce qui vous reste à faire maintenant c'est d'aller le lui demander par vous-même.

- Merci beaucoup.

- Je vous en prie mesdemoiselles.

A l'arrivé de SONAGNON, Arsène n'a pas perdu une seconde pour lui raconter ce que Afi et son amie sont venue lui dire. Mais Arsène lui-même ignorait que SONAGNON aussi nourrissait des sentiments pour Afi car il est de ces genres de personne qui ne partage pas tout avec tout le monde.

- Et que tu leur as-tu servir quand elles t'ont posé la question ?

- Que voudrais-tu que je leur réponde si ce n'est pas que je ne sais si tu es amoureux d'elle ou pas ? Vu que tu ne m'as rien dit ?

- Tu as bien fait mon cher car en aucun cas je ne ressens rien pour cette fille-là.
- L'avenir nous en dira plus. Ajouta Arsène.

Comme certaines choses ne se cachent pas trop longtemps, à la grande surprise de tout le monde, Afi et SONAGNON commencèrent par se fréquenter d'avantage et passaient beaucoup de temps ensemble.

Les deux se nourrissaient d'un amour qu'ils n'ont cacher à personne et il faut dire que tout le monde admirait et enviait le couple heureux que formait SONAGNON et Afi.

Mais le souci c'est que bien vrai que Afi aimait follement SONAGNON et SONAGNON aussi d'ailleurs, les parents de Afi ne seront pas d'accord pour cette union des deux. Car la présence de SONAGNON chez Afi devenait de trop et ses parents ont commencé par soupçonner une possible relation entre ces deux.

Mais SONAGNON se rendait chez Afi sous l'aspect de quelqu'un qui venait l'aider à étudier à la maison.

Un jour, alors que SONAGNON venait de finir

d'étudier avec Afi, ses parents l'interpela :

- Mon cher attends un instant. Avança la mère de Afi.

- Oui. Bonsoir Maman que puis-je faire pour vous s'il vous plaît ? Répliqua SONAGNON

- Vient s'il te plaît mon mari et moi voudrions avoir une discussion avec toi.

- D'accord il n'y a pas de souci. Me voici. Je suis suspendu à vos lèvres.

- Voilà ta présence dans cette maison commence par devenir de trop et nous ignorons ce que tu veux en retour en aidant notre fille à étudier et te voici disant au début que tu ne voulais aucun franc. Dit le père de Afi

- Je ne vois de quoi vous parler le père.

- En vrai, nous voudrions te dire que si tu aides notre fille parce que tu es en relation avec elle et que tu crois que tu recevras notre approbation après votre cursus scolaire, alors laisse-moi te dire que ton plan est voué à l'échec mon chère.

- D'accord c'est compris le père. Ne vous en faites pas pour cela.

Les jours suivants cette discussion entretenir par les parents de Afi et SONAGNON, il n'est plus régulier dans la maison. Ne comprenant plus ce qui se passe, Afi alla voir SONAGNON pour lui demander ce qui ne va plus entre eux deux.

SONAGNON lui expliqua ce qui se passe sans lui mentir :

- Mon chéri je ne te comprends plus ces temps-ci.

- Sur quel plan ?

- Pour commencer, tu ne viens plus chez moi comme avant et en plus de cela tu fais tout pour m'éviter ?

- J'aurais aimé que tu poses cette question à tes parents.

- A mes parents ? Qu'est-ce qui ne va pas avec mes parents pour que je le leur demande une chose pareille ?

- Si tu veux que notre relation aboutisse,

alors prends une décision parce que tes parents ne le souhaitent pas.

- Je te rassure mon chéri que tu n'as pas à t'en faire car après tout, je t'ai choisi et j'assume mon choix.

L'année suivante, SONAGNON avait changé d'école mais son amour pour Afi restait intacte sans la plus minime modification du degré d'amour qu'il portait à l'égard de Afi.

Afi elle aussi lui faisait croire la même chose jusqu'à l'obtention du baccalauréat par SONAGNON qui réussit avec bravoure. Ce qui n'était malheureusement pas le cas de Afi cette année-là.

A la reprise des cours, Afi devra reprendre la classe de terminal et SONAGNON l'université.

Une semaine avant la reprise de Afi a tenue rencontrer SONAGNON avant. A cette rencontre, Afi dit à SONAGNON qu'ils devraient arrêter leur relation car si elle a échoué, c'est parce qu'elle entretenait une relation avec quelqu'un qui ne fait pas partie de la même congrégation religieuse avec elle :

- Tu es sûre de ce que tu dis là que c'est à cause de moi que tu aies échoué ?

- Je le crois aussi. Vue que ce sont mes parents qui sont sortir et c'est à leur retour qu'ils m'ont appris cela. Et je crois qu'ils ont raison.

- Moi je ne suis pas du même avis que toi. Ou du moins, je n'épouse pas cette idée selon laquelle il faut qu'on se sépare. Avança SONAGNON.

SONAGNON tenta en vain de convaincre Afi afin qu'elle abandonne son idée de break-up[1] mais en vain. Afi refusa de comprendre ce que SONAGNON essayer de lui faire comprendre.

Dans toute cette histoire, il faut noter que Afi aimait à en mourir SONAGNON car de toutes ses relations précédentes, SONAGNON reste le seul et véridique en tout. Autrement dit, l'homme que toutes femmes rêveraient avoir.

Mais voilà les deux qui s'aiment malgré cette tempête et que leur amour qui restait vrai.

Deux mois après la rentrée, ne pouvant pas accepter cette break-up, SONAGNON retourna voir Afi et lui fit une proposition :

---

[1] Break-up : Mettre fin à une relation ou quelque chose

- Salut ma belle. Je veux bien te rencontrer pour te dire une chose.

- De quoi est-il question et on ne peut pas en parler à travers le téléphone ?

- J'insiste sur la faite qu'on se rencontre car ce que j'ai à te dire ne peut pas faire objet de téléphone.

- Dans ce cas, vu qu'aujourd'hui c'est déjà le vendredi, je propose qu'on se voir demain à 12h devant mon école après mon TD.

- Pas de souci. J'y serais.

Le lendemain, SONAGNON s'y rend au rendez-vous avec ponctualité. Tantôt, il vit Afi qui s'annonça.

- Alors pour qu'elle raison me voulais-tu ?

- Je voulais juste te demander une chose concernant notre relation.

- Et de quoi est-il question cette fois ?

- Je propose que nous reprenions notre relation là où on s'était arrêté et cette fois, je suis sûre que tu seras admise et on pourra prouver à tes parents que ce n'est pas le fait qu'on soit différent en religion qui est à la base de ton échec.

- Et qu'est-ce qui te faire croire que je vais réussir cette fois ?
- Je ne saurais l'expliquer. Affirma SONAGNON en se mettant à genoux.
- Dans ce cas, laisse-moi le temps d'y réfléchir à propos puis je te reviens.
- As-tu besoin de réfléchir encore ? Même avec l'aisance que tu as acceptée me revoir, prouve que tu m'aimes toujours.
- C'est vrai tu as raison je t'aime toujours et rien n'a changé cela.
- Alors je serais suspendu à tes lèvres. Mais je ne te donnerai pas plus que trois jours.
- D'accord c'est compris.

Et c'est l'accord sur lequel les deux se sont mis puis chacun reprit son chemin.

Après les trois jours, Afi décida de tenter encore l'aventure encore une fois avec SONAGNON. Mais cette fois, quelque chose qui n'a pas de dent allait mordre et vigoureusement.

Les deux amoureux vivaient tranquillement leur amour jusqu'à la fin de l'année où Afi a repassé son examen de baccalauréat mais cette fois déclarée admissible.

Cela fait l'honneur de SONAGNON car enfin sa dulcinée est admise et il peut maintenant prouver à tout le monde que l'échec de Afi n'a rien avoir avec leur différence en congrégation.

Un mois après la réussite de Afi, elle donna un rendez-vous en amoureux à SONAGNON puis celui-ci s'exécuta car c'est la moindre des choses qu'il pouvait espérer.

- Salut mon chéri.
- Salut ma belle comment vas-tu ?
- Je vais bien aussi. Cependant notre rencontre d'aujourd'hui est spéciale.
- Spéciale ? En quoi donc ma reine ?
- C'est spécial en ce sens que notre avenir en dépend.

- Tu parles de quel avenir ?
- C'est-à-dire notre couple.
- Alors je suis suspendu à tes lèvres.
- De toi à moi, on sait que quand dans une relation les deux parties ne sont pas entendant, ça ne promet rien à l'avenir.
- Tout à fait. Tu as raison à ce propos. Mais toujours est-il que je ne te comprends toujours pas.
- Alors écoute moi. Tu n'es pas sans savoir que mes parents ne sont pas pour notre relation depuis la nuit des temps.
- J'en suis conscient. Alors je voudrais de dire que la dernière fois, mes parents et moi avions eu une discussion dans laquelle me disaient-ils que je serais renié à force de continuer ma relation avec toi et moi je ne veux pas subir une telle humiliation venant de mes parents.
- Et donc tu décides quoi ?
- Que nous arrêtons notre relation.

- C'est tout ?
- Oui c'est tout.
- D'accord c'est compris. Je ne vais plus t'obligé à rester avec moi.
- Non ne dis pas ça s'il te plaît.
- Bonne chance à toi pour le futur. L'avenir nous diras le reste. A Dieu ma chère
- Attends.

Après cette discussion, SONAGNON s'en alla sans se retourner jusqu'à partir dans le brouillard.

Pourquoi toujours une affaire de religion intervienne pour séparer deux âmes aimantes ? Pourquoi ne pas laisser les gens s'aimer tel qu'ils le souhaitent plutôt que de leurs imposé une religion ?

Auteur : Idrissou SAADOU

Auteur : Idrissou SAADOU

Mon Mariage, Mon Bonheur

Auteur : Idrissou SAADOU

Je m'appelle Joy Mabs, je suis fille unique de mon père, Luc Mabs, camerounais, et de ma mère, Lisa Ambert, libyenne. Depuis ma naissance je n'ai jamais manqué de rien. Mon père a une bonne situation grâce à son entreprise de fabrication des panneaux de décoration 3D et ma mère était procureure à la cour suprême avant que mon père ne fasse d'elle une femme au foyer. J'ai eu mon bac a 15ans j'ai sauté 3 classes. J'ai fait une école de stylisme après mon bac et à 17ans j'ai ouvert mon agence de mode qui a cartonné grâce aux relations de mes parents. J'ai rencontré Peter Morgan, un mannequin chanteur afro américain lors d'un défilé que j'ai organisé, on s'est très bien entendu, on a échangé nos contacte et une chose entrainant une autre on est tombé amoureux. Il m'a demandé en mariage à mes 19 ans et on s'est mariés la même année. Mes parents n'ont jamais digéré mon mariage précoce mais ma mère finit par l'accepter, mon père quant à lui continue de me bouder. L'année qui a suivi celle de mon mariage, j'ai accouché d'un garçon, Cristal, Peter était en voyage quand il est venu au monde, il ne l'a vu qu'a ses 1ans, j'ai eu le temps de tissé un lien spécial avec mon fils. Deux ans après j'ai accouchée des jumelles, Pearl et Peace. C'était le bonheur total quand Peter l'a appris. Il a pris deux ans d'années sabbatiques pour m'aider à élever nos enfants. C'était deux des plus belles années de ma vie. Je sais ce que c'est que la solitude vue que j'étais unique enfant, je ne voulais pas que Cristal ressente cela alors j'ai adopté un petit garçon, Hayden.

Aujourd'hui j'ai 31ans, Peter en a 34, il est tout le temps à l'étranger mais il trouve le temps pour moi et les enfants. Crist, du haut de ses 12ans est un merveilleux grand frère pour ses frères et mon meilleur ami. Je l'aime tellement que je ne lui cache rien, je lui parle de tout et je demande son avis concernant des décisions à prendre. Mon agence fonctionne à merveille, Dieu merci. Je n'ai pas de femme de ménage, je m'en sors très bien avec l'aide de mes enfants et quelques fois de mes parents qui d'ailleurs adorent mes enfants.

Je regarde la ville à travers la baie vitrée de mon bureau, quelqu'un frappe à la porte, je ne me retourne pas, je sais que c'est Sally ma secrétaire générale.

Moi : Entrez

Elle s'exécute, je me retourne vers elle (elle était en jupe tailleur noir a la taille avec un chemisier bleu rentré dedans, un chignon plaque contre son crâne et un classeur en main).

Elle : voici les CV des candidats retenus à la première sélection au poste d'assistance de direction. Le directeur des ressources humaines aimerait que vous y jeté un œil.

Moi : merci, posez-les sur le bureau, je vous les ramène en rentrant.

Elle : d'accord madame

Elle s'en alla, je la suis du regard jusqu'à ce qu'elle disparaisse de mon champ de vision. J'apprécie sa dévotion au travail et je réfléchis à comment lui dire merci. Je pourrai lui faire une autre augmentation et la nommée meilleure employée, ça fait quand même 15ans qu'elle est la et je n'ai jamais été déçu par son travail. Bref, je vais penser à ça plus tard, je dois passer voir mes parents en rentrant, ça fait un bon moment que je ne suis plus allée les voir. Je suis trop débordée au travail, je lance une nouvelle marque et Peter n'est pas là pour m'aider avec les enfants, il est en déplacement pour 8mois, il rentre dans 4mois. Je ne m'en fais pas pour mes gosses, c'est des vrais anges très sages. Je prends le classeur que vient de déposer Sally, je parcours rapidement des yeux les CV, l'un d'eux attire mon attention, celui d'une certaine Erlie Kepom, elle est orpheline des deux parents et vis dans la rue depuis deux ans, c'est tellement triste. Je prends mon sac rangé à l'avance, le classeur, je sors de mon bureau, ferme la porte à clé. Je me dirige vers le secrétariat où se trouve Sally, elle se lève en me voyant m'approcher d'elle.

Moi : dites au DRH d'embaucher la postulante 4 avec effet immédiat et un salaire de base de 1500£ à verser dès son premier jour

Elle : d'accord madame

Moi : faites un contrat avec hébergement, déplacement et assurance vie et maladie débité sur mon compte. Bon, je pense que c'est tout

Elle : d'accord bonne soirée madame Je lui réponds un <<merci>> a la volée en me dirigeants vers mon parking personnel. Je monte dans ma voiture, direction ¨la maison de mes parents¨.

Je me gare devant la villa de mes parents, j'ai grandi ici et ça me fais toujours bizarre de l'avoir quitté si tôt. Je sors de la voiture, ouvre le portail et me dirige vers le salon principal. Je ne sonne pas, je sais qu'ils sont là parce que j'entends les sons provenant de la télévision, c'est surement ma mère qui regarde une série. Je pousse la lourde porte vitrée et j'entre, je vois ma mère assise comme je l'avais deviné devant une série africaine. Elle se tourne vers moi alerté par le bruit de mes talons sur le carrelage. J'avance jusqu'à son niveau et m'assoit à côté d'elle sur le canapé.

Elle : oh, mais c'est mon bébé qui vient me rendre visite

Moi : maman, j'ai 31ans et j'ai 4enfants

Elle : tu restes toujours mon bébé à moi

Moi : si tu le dis

Elle : voilà, comment vas-tu ? Et les enfants ?

Moi : on va tous bien par la grâce de Dieu.

Elle : ils me manquent beaucoup

Moi : vous leurs manquez aussi tellement qu'ils m'ont fait promettre qu'ils passeront leurs étés ici.

Elle : j'ai trop hâte

Mon père sort de nulle part

Lui : comment va mon diamant ?

Moi : je vais bien papa et toi ?

Lui : je suis là où tu m'as laissé

Moi : papa !!!

Lui : tu as quitté trop tôt la maison, j'avais encore besoin de mon précieux diamant mais on me la volé. D'ailleurs il rentre quand ?

Moi : dans 4 mois

Lui : et tu penses qu'il va rester combien de temps cette fois ci avant de s'envoler à nouveau ?

Ma mère : chéri arrête d'embêter notre fille, elle est grande maintenant et je pense qu'on ne devrait plus se mêler de sa vie privée

Lui : tu parles de vie privée ? Moi je parle de ma fille qui vit comme une mère célibataire alors qu'elle est mariée.

Mon père est très furax, faut que je le calme avant qu'il ne prenne une mauvaise décision. Il a une fois appelé Peter et lui a demandé de choisir entre moi et ses voyages, c'est après la supplication de ma mère et moi qu'il a lâché l'affaire .je décide donc de changer de sujet avant qu'il ne soit trop tard.

Moi : t'inquiète papa je vais en parler avec lui à son retour, on va trouver une solution. Au fait, tu peux me trouver un appartement meublé dans les environs de mon agence ?

Ma mère : tu déménages ?

Moi : non, c'est pour ma nouvelle assistante

Ma mère : je croyais que tu ne voulais pas d'une deuxième femme dans votre vie ?

Moi : c'est toujours d'actualité, elle va juste s'occuper de mes affaires du boulot, je suis trop débordé ces temps-ci. Entre la création de la nouvelle marque et l'organisation du défilé de fin d'année, je sais plus où donner la tête.

Mon père : je te comprends et je trouve que tu travailles beaucoup trop.

Ma mère : elle tient ça de moi. Si tu ne m'avais pas assignée à résidence…

Mon père : je suis tranquille quand je te vois assise sur ce canapé devant la télévision, t'imaginer au travail avec les yeux des hommes sur toi peut me donner un AVC.

Moi : trop d'amour par ici, je me sauve, mes enfants doivent être entrain de m'espérer depuis

Ma mère : fait leurs un bisou de ma part

Moi : je ne manquerai pas

Mon père : je vais contacter un ami et je te donnerai suite demain pour l'appartement. Fais attention à toi.

Moi : d'accord papa. Bisou, je vous aime.

Quand j'entre dans ma demeure, je vois mes enfants courir vers moi surement alerté par le bruit du moteur. Je descends de la voiture et prends Hay (Hayden) dans mes bras. Il a 5ans et c'est un moulin à parole.

Lui :(me faisant un bisou) tu m'as beaucoup manqué

Moi : tu m'as manqué aussi mon amour, vous m'avez tous manquez.

Cryst : t'es allée voir papi et mamie c'est ça ? T'as durée

Moi : oui je suis allée les voir, ils vous passent le bonsoir avec de gros bisous

Pearl : ils me manquent vraiment beaucoup

Peace : à moi aussi

Moi : vous leurs manqués aussi. Bon, en attendant l'été vous irez les voir le weekend

Hay : youpi !!(En sautillant partout)

Moi : t'es plein d'énergie toi ! Allons à l'intérieur, qu'avez-vous prit au goutée ?

Peace : Cryst a fait des petits fours

Pearl : et Hay a avalé à lui seul plus de la moitie

Hay : ce n'est même pas vrai. J'ai pris une petite quantité comme ça (en me montrant ses petits doigts). Tu me crois in maman ?

Moi : oui mon trésor, je te crois.

Leurs sacs d'école étaient à terre et leurs cahiers éparpillés sur la table, la preuve qu'ils étudiaient à mon arrivée.

Moi : rangez vos sacs et mettez les couverts pour le diné

Ils s'activent tous, je monte dans ma chambre à coucher, y pose mon sac et me dirige vers la salle de bain. Je me rafraichis et mets une robe simple. En descendant à la cuisine je vis Crystal qui faisait sortir les ingrédients du frigo.

Moi : on prépare quoi ?

Lui : purée de pomme de terre au petit pois

Moi : Okay

On s'active et 30min plus tard tout était prêt. Je trouve Crist très silencieux ce soir.

Moi : mon bbc !?

Lui : humm !!

Moi : qu'est ce qui ne va pas ?

Lui : rien m'man, ça va

Moi : depuis quand on se cache des trucs toi et moi ?

Lui :(soupire) c'est juste que papa me manque. Tu sais il n'est jamais la quand c'est important pour moi. Il m'avait promis de m'amener à mon premier entrainement de basket, c'était aujourd'hui et j'y suis allé seul.

Moi : oh mon chéri, tu sais qu'il vous aime beaucoup. Je suis sure qu'il aurait temps voulu t'y accompagner mais il n'a pas le choix, il doit faire ce voyage c'est pour son travail.je te promet de lui en toucher mots quand il va appeler demain matin. En attendant, je suis votre papa et votre maman.

Lui : comment tu peux être deux personnes à la fois ? En tout cas t'es ma vie et je t'aime plus que tout au monde, je ferai n'importe quoi pour toi.

Moi : je t'aime aussi mon trésor. Bon, apportons le diner avant que Hay ne soit fatigué d'attendre.

Après le diner, nous sortons marcher un peu, de retour nous prenons nos douches, regardons un peu la télé et allons-nous couche après avoir apprêté nos affaires du lendemain. C'était notre routine habituelle.

LE LENDEMAIN

Ce matin je fus réveillée par la sonnerie de mon téléphone. C'était mon père, il m'avait trouvé un appartement à 10km de l'agence. Après un coup de fil pour régler les détails du bail, je prépare le petit déjeuné aidée par Cryst, nous faisons ensuite le repas de midi qu'on met à la microonde et nous nous préparons tous pour notre journée. Je dépose les jumelles et Hayden au primaire et crist devant son collège et je continue mon chemin vers l'agence. Je fus accueilli par le DRH et Sally.

Auteur : Idrissou SAADOU

Moi : bon matin Mr. Yves, Mlle Sally

Elle : bonj our madame

Lui : bonj our madame, avez-vous bien dormi ?

Moi : comme un bbc, merci

Lui : tant mieux alors. Mlle Sally m'a fait part de vos souhaits concernant la postulante4. Je suis d'accord qu'elle ait le poste mais son salaire de base, êtes-vous sûr d'avoir dire 1500£ ou c'est Mlle qui a mal entendu ?

Moi : 1500£ ? J'ai dit ça ?

Elle : oui madame, j e l'ai même note sur le classeur.

Moi : c'est surement la fatigue. Je lui ai trouvé un logement, elle aura une voiture de fonction, c'est indiquer dans son CV qu'elle a le permit. Ella va bénéficier de l'assurance vie et maladie de l'agence, une prime d'habillement alors son salaire brut doit être dans les 500£ en qualité de ses diplômes. Allez voir le secteur comptabilité et finance pour la rédaction de son contrat. Faites-la venir à 10h pour la signature et j 'aimerais m'entretenir avec elle avant.

DRH : d'accord madame

Moi : j e serai dans mon bureau si vous avez besoin

de moi. Mlle Sally envoyez moi le planning de la journée

Sally : tout de suite madame.

Je me dirige vers mon bureau en répondant à quelques emails. Je me rappelle que Peter n'a pas appelé ce matin, il devrait être très occupé, je vais l'appeler le soir. Je consulte le planning que m'a envoyé Sally, je n'ai de rendez-vous qu'à midi après la candidate. Je vais travailler un peu sur la nouvelle marque.

QUELQUES HEURES PLUS TARD

Voix de Sally dans l'interphone : madame, Mlle Erlie est là

Je lève les yeux vers ma montre murale, il est 10h, je n'ai pas vu le temps passe.

Moi : faites l'entrer

Je range mes croquis, éteint mon ordi et prend le CV de Mlle

: TOC TOC

Moi : entrez, prenez place svp. Alors comment allez-vous ?

Elle : je vais bien et vous ?

Moi : ça va !! Parlez-moi de vous

Elle : j'ai tout mis dans le CV

Moi : je sais mais je veux que vous m'en parler de vive voix

Elle : eh bien, je m'appelle Erlie Kepom, j'ai fait mes études primaires et secondaires à Bafoussam, mes parents sont morts à mes 16ans, j'ai vécu avec ma tante maternelle. J'ai fait mes études universitaires en assistance de direction pendant 4ans. J'ai obtenu un poste d'assistante de direction dans une banque ici à douala, j'ai donc quitté ma tante. J'ai travaillé pendant 2ans à la banque avant d'être renvoyée pour avoir mal accueilli la femme du directeur et elle a demandé à ce que je sois remplacé. Dans les minutes qui ont suivis je suis devenu sans emploi et deux mois après j'ai été mis à la rue pour loyer impayé, j'enchaine les petits boulots pour me nourrir jusqu'à ce que je vu votre annonce et j'ai décidé de tenter ma chance.

Moi : je suis sincèrement désolée pour ce que vous avez vécu et pour la mort de vos parents. Je n'ai pas connu de souffrance dans ma vie mais j'ose me mettre à votre place. Vous avez été retenue pour le poste, vous commencez dès lundi. Retournez à l'accueil, on vous emmènera voir le DF et le DRH pour la signature de votre contrat, ils vous expliqueront les détails.

Elle : merci beaucoup madame. Vous n'allez pas le regretter

Moi : je l'espère bien…

Ça fait deux mois que j'ai embauché Erlie et elle est très efficace. Elle prend son travail très au sérieux, elle s'applique bien et je n'ai aucune raison de regretter de l'avoir embaucher.

Il ne reste que 6mois pour que je présente au public ma nouvelle marque et la pression est partout dans les locaux de mon agence. Entre le choix du style, la conception des modèles et la recherches des collaborateurs, je n'ai plus beaucoup de temps pour mes enfants et ils s'en plaignent. Peter m'a promis de revenir le mois prochain pour m'aider et je l'attends avec impatience.

Aujourd'hui je dois rencontrer des fournisseurs chinois, ça fait presque une heure qu'ils devraient être là mais ils ont appelé pour dire qu'ils seront en retard à cause d'un problème avec leur avion. Il est déjà

20heures et mes enfants sont seuls à la maison. Mes parents sont en voyages sinon j'aurai demandé à maman d'aller les garder. Je suis coincée et je n'aime pas ce genre de situation, je ne peux pas reporter le rendez-vous des chinois et je ne peux pas confier ce travail à mon équipe, c'est très délicat et il faut que je sois moi-même présente. Je suis très en colère et je n'arrête pas de jurer.

Erlie : je peux vous aider madame ?

Moi : y'a des jours ou je déteste ne pas être une femme au foyer

Erlie : vous êtes une excellente femme d'affaire et une merveilleuse femme

Moi : qu'est-ce que t'en sais ? Mes enfants sont seul à la maison actuellement et je ne sais même pas si tout va bien

Elle : appelez la maison pour voir

Moi : j'ai désactivé leurs tablettes pour qu'ils se concentrent sur leurs études et le téléphone de la maison est en panne et moi je suis coincée ici au boulot. Putain qu'elle genre de mère suis-je ?

Elle : si vous voulez je peux aller les voir et vous

pouvez m'appeler pour que vous leurs parle

Moi : non, non je ne peux pas vous demander ça. Votre contrat ne parle que du boulot pas de vous occuper de mes enfants.

Elle : ça ne me dérange pas madame, vous faites tellement pour moi et n plus j'adore les enfants, j'ai fait du baby sit-in plusieurs fois

Moi : bon d'accord allez-y s'il vous plait

Elle : d'accord madame

Elle s'en alla et je pu souffler un peu même si je n'étais pas encore complètement soulagée.

Les chinois sont arrivés et se sont excusez de leur retard. Nous avons commencé à peine à discuter quand mon phone sonna, je m'excusai auprès des chinois et sorti répondre à Erlie

Moi : allo

Voix de Hay : maman

Moi : Mon bbc....

À la fin de la réunion avec les chinois, je m'empresse de rentre chez moi. Je conduisais comme une dingue, jamais je n'avais laissé mes enfants à une autre personne que mes parents. Et même s'ils m'ont rassuré au téléphone j'avais toujours cette boule dans mon ventre, il faut que je les voie avant qu'elle ne disparaisse.

Après deux tentatives de renversement et 4 feux Gries, je me retrouve devant ma porte d'entrée. J'entre et vois mes enfants entrain de se jeter les coussins avec Erlie au milieu.

Moi : Non mais, quelle heure il est ?

Ils arrêtent tous de rires et se tournent vers moi. Hay me saute dans les bras, suivie des jumelles.

Erlie : je suis vraiment désolé madame, ils ne voulaient pas dormi sans vous voir et je ne savais pas comment les faire changer d'avis.

Je croyais qu'elle était douée avec les enfants celle-là. Bon, déjà je me calme parce que ce n'est pas son travail. Je lui fais un sourire rassurant et m'avance vers ma chambre pour me changer et prendre une douche rapide.

Je m'habillais d'une chemise de Peter quand Cristal est apparu derrière moi.

Lui : Elle a dit que t'étais hy stérique au boulot.

Moi : Je n'étais pas tranquille sans vos nouvelles, tu sais comment j e suis dans ces cas-là.

Lui : ouais moi aussi j e me suis inquiété.

Moi : Allez viens, allons ranger le bordel que vous avez mis au salon.

Lui : Pour être honnête, j e n'ai pas participé à mettre le salon en désordre. J'ai proposé un j eu de société mais ils ont tous refuser.

Je ris et lui prend la main pour descendre les escaliers. Erlie et les autres avaient déj à presque tout mis en ordre. Nous les aidons à terminer et j e me sers un plat de salade qu'avait fait Erlie.

Elle : Bon j e vais y aller.

Moi : quoi ? Il est déj à une heure du matin !

Elle : ne vous inquiétez pas, j 'ai ma voiture j e serai à la maison dans 10min.

Moi : non non, j e ne veux pas prendre de risque. Je suis garant de vous là ! Vous allez dormir ici. Peace et Pearl, montrez-lui une chambre d'amis et donnez-lui des draps propres.

Les jumelles : d'accord !

Erlie : Merci madame.

Moi : Merci à vous d'être venu veiller sur mes enfants.

Un mois maintenant que Erlie vient garder mes enfants quand je suis trop prise au boulot. Ils s'entendent bien et je ne m'inquiète plus. Peter va rentrer aujourd'hui et je ne serai plus obligé d'envoyer mon assistante chez moi. Tiens, en parlant du loup.

Moi : Allo babe!

Peter: jolie comment t'es habillé?

Je ris à sa question avant de répondre

Moi: pourquoi tu demandes?

Lui: eh bien, pour savoir dans quelle restaurant faire notre réservation. Les enfants m'ont dit que ça faisait longtemps que vous n'êtes pas sortir mangé dehors. En fait depuis mon départ. Je trouve qu'ils ont beaucoup pris en taille. Tu fais un boulot d'enfer, merci.

Moi: non t'es rentrée? Arrrrghhhh !! Ne me dis pas que c'est une blague que tu me fais.

Lui : regarde à l'accueil.

Je garde le téléphone à l'oreille et cours vers l'accueil, je ne pris pas l'ascenseur. Pour le coup, je le trouve plus lent qu'les escaliers. Je descends 5/5 les marches et me retrouve au premier étage toute essoufflé, et là je le vis assit derrière le comptoir, à la place de Saly, un grand sourire sur les lèvres. Il m'a beaucoup manqué. Je courus et me Jeta dans ses bras, je ne fis plus attention aux gens autour de nous. Il ria et me regarda droit dans les yeux.

Lui : eh ben, tu ne blaguais pas quand tu disais que je te manquais.

... : Je te l'avais dit papa, fit Crystal en sortant sous le comptoir

Moi : Attendez... qu'est-ce que tu fais là dessous ? Et où sont tes sœurs et Hay ?

... : Surprise !!!!

Ils sortent tous de sous le comptoir et nous voilà en câlins collectif : j'adore la famille que je me suis bâtis.

Peter : va chercher ton sac et cassons-nous d'ici avant que le patron appelle la sécurité.

Moi : Mais c'est moi la patronne

Peter : Ah oui c'est vrai. Allez, on t'attend dehors. Ne dure pas.

On se fit un bisou rapide et je vais chercher mon sac en haut. À mon retour je les vis entrain de rire de je ne sais quoi. Les jumelles étaient sur le capot de la voiture, Hay sur l'épaule de son père, et Crystal entrain de danser à côté d'eux : c'est ma famille. Un sourire apparaît sur mon visage à ce tableau. Ils sont toute ma vie et je ne sais pas ce que je ferai si l'un d'eux venaient à manquer à l'appel.

Peter : alors t'en pense quoi ?

Moi : je ne sais pas, je n'ai pas envie d'y aller.

Peter : s'il te plaît, je passe déjà trop de temps loin de toi, je ne vais pas de surcroît aller à un dîner de gala sans toi !?

Moi : N'y va pas tout court

Lui : j'aimerais tellement, mais tu vois, j'y suis obligé. Je suis égérie de leurs marques.

Moi : je vois ouais ! D'ailleurs j'suis jalouse de te partager avec toutes ses marques. T'es mon égérie à moi. Et ma nouvelle marque alors ? Tu sais que je ne le présenterai pas si tu ne défile pas pour moi.

Lui : je sais chérie ! Et quoi qu'il arrive, je vais me libérer pour le lancement officiel de ta nouvelle marque.

Moi : merci beaucoup

Lui : Alors c'est oui pour le gala ?

Moi : Oh t'es toujours sur ça ?

Lui : stp.

Moi : on ne sait même pas où on va déposer les enfants Mes parents sont en vacances et les tiens sont à l'autre bout du pays.

Lui : appel ta secrétaire dont tu m'as parlé là. Comment elle s'appelle déjà ? Ella !

Moi : d'abord c'est Erlie, ensuite c'est mon assistante, pas ma secrétaire et enfin, on est samedi, un weekend, je n'ai pas le droit de la déranger.

Lui : si ! T'as le droit, tu lui paies pour ça. Moi je dérange mon agent à 4h pour du café

Moi : t'es puéril.

Lui : il me le dit souvent

Moi : bon d'accord, je vais l'appeler. Va te préparer en

attendant.

Lui : vas-y bouge de mes cuisses, tu m'as écrasé les muscles.

Moi : mais non je ne bouge pas, je suis bien là.

Lui : et comment tu veux que je me prépare si t'es couché sur moi ?

Moi : attends encore un peu.

Lui : le gala c'est dans 2heures. Vas-y bouge et je prends une année sabbatique pour rester avec vous.

Moi : jure !

Lui : promis, juré, craché.

Je me lève sur lui et il se dirige vers la salle de bain pendant que je téléphone à Erlie.

Cinq heures à parler d'affaires et à boire du champagne, cinq heures à sourire et à être charmant avec des inconnus. Nous finissons par rentrer à 1h du matin. La maison était calme, au moins cette fois Erlie a réussi à les faire dormir. J'allume la lumière du salon et je la vis entrain de dormir sur le canapé. Elle devait être très fatigué après avoir surveillé ces petits monstres. Je m'en veux de lui avoir pris son samedi soir de cette façon. Depuis que j'ai vu qu'elle s'entendait bien avec mes enfants je les lui confie quand je suis un peu occupée. Il faut que je revoie mon emploi du temps après la présentation de la nouvelle marque et du défilé de fin d'année. J'ai toujours refusé d'avoir un employé de maison et ce n'est pas maintenant que ça va changer.

Je monte me rafraîchir dans ma salle de bain et en descendant j'entendais des voix venant de la cuisine. C'était Erlie et Peter qui parlaient avec gaieté. Décidément elle plaît à tout le monde dans la maison.

Peter : Chérie, elle ne savait pas que C'est moi ton mari.

Moi : Ah bon ?

Erlie : Oui, je n'ai jamais su que c'est Peter. Votre mari. Vous avez une magnifique famille.

Moi : Merci beaucoup. C'est grâce à Dieu.

Moi : Allez mettre les couverts, je vais réchauffer la nourriture.

Pearl : D'accord Maman.

Crystal sort de la cuisine suivit de ses sœurs. Hayden dort encore, il ne se sent pas très bien ces derniers temps et je m'inquiète beaucoup bien que le docteur ait dit que ce n'était pas grave.

Je sors les pâtes du micro-ondes et je sens des bras m'entourés la taille.

Moi : Laisse-moi apporter le dîner s'il te plaît.

Peter : J'ai faim

Moi : Alors va te mettre à table.

Lui : Mais je ne parle pas de nourriture

Moi : Oh mais on l'a fait juste hier

Lui : Je sais mais j'en ai envie là !

Moi : Je trouve que c'est trop fréquent ces temps-ci. C'est vrai quoi, on l'a fait durant tous les un mois qu'ont passés les enfants chez tes parents.

Lui : Je n'y peux rien si ma femme me fait trop d'effet

Moi : En tout cas, refroidit ton envie pour ce soir. Je suis fatigué, j'ai grand besoin de repos.

Lui : Je fais quoi moi dans ce cas ?

Moi : Vas prendre une douche froide et rejoint nous a table.

Lui : Je suis marié et je dois prendre de douche froide pour calmer mes envies. C'est vraiment pathétique.

Moi : arrête de dramatiser Peter.

Lui : pff ! Ça a toujours été ainsi de toute façon.

Moi : Qu'est-ce que tu dis ?

Lui : JE DIS QUE C'EST....

Il ne put finir sa phrase parce que Crystal est entré dans la cuisine sûrement alerté par les cris de son père.

Crist : Maman, papa ? Qu'est-ce qu'il y'a ?

Moi : Rien mon chéri, apporte le plat et sert tes sœurs. Ton père et moi on a à discuter.

Peter : Je ne discute de rien a avec toi. Je ne sais même pas ce que je fais encore ici.

Il sortit de la cuisine et Crystal me regardes avec des yeux pleins d'incompréhension. Ce n'est pas la première fois que Peter et moi nous discutons, mais jamais il n'avait osé la voix sur moi au point d'alerter les enfants. J'essaie de contenir mes larmes en entendant la porte de notre chambre se fermé.

Moi : Vas manger, je vais faire vos valises. Je vous dépose chez mes parents pour quelques jours.

Cryst : D'accord.

Je ne suis même pas entré saluer mes parents, je me suis arrête devant le portail et j'ai chargé Crystal de dire à ma mère que je l'appellerai. Je reste un moment dans la voiture pour réfléchir au comportement de mon mari, c'est tout nouveau pour moi et je ne veux pas de cet homme-là comme mari. Il faut qu'on parle pour mettre les pendules à l'heure. Ces nombreuses absences n'ont pas apporté de problème dans le foyer. Ce n'est pas maintenant qu'il a pris une année sabbatique pour rester avec nous que nous allons avoir de problème.

Cryst : Qu'est ce qui se passe maman ?

Je lève la tête vers la voix de Crystal et je le prends dans mes bras. Il a toujours été mon soutien et mon confident. Je me suis toujours confié à lui sur tout depuis qu'il était dans mon ventre. Ma relation avec lui est inexplicable. Je pense que c'est parce que je l'ai presque élevé seule. En plus je n'avais pas trop d'expérience quand il est venu au monde, j'ai fait de lui mon appui. Il a toujours eu son mot à dire dans toutes les décisions que je prends, j'ai fait de lui l'homme de la maison en l'absence de son père. C'est lui qui a choisi Hayden quand je suis allée à l'hôpital pour adopter un bébé, c'est aussi lui qui a choisi son nom.

Cryst : Dis-moi ce qui ne va pas entre papa et toi.

Moi : Tout va bien t'inquiète

Lui : Tu m'as dit que c'est mal de mentir. Depuis quand on se cache des choses Maman ?

Moi : Tu sais, t'es le meilleur confident que j'ai jamais eu mais y'a des choses dont tu ne dois pas t'occuper. Surtout quand ça concerne ton père et moi. Ce n'est pas à ton niveau.

Lui : D'accord je comprends. Mais alors permet moi de rentrer avec toi. J'ai déjà dit à mamie que je retourne avec toi. Ne refuse pas s'il te plaît.

Moi : Okay. Rentrons à la maison.

Sur le chemin il me racontait des histoires drôles juste pour me distraire et me faire oublier mon chagrin. C'est un grand homme mon garçon. Je suis certaine que la femme qui l'épousera sera la plus heureuse au monde.

Moi : Pose ta valise dans ta chambre et va au gymnase. Je viendrai te chercher après avoir parlé avec ton père.

Je monte dans ma chambre et pose mon sac sur la table du petit salon de la chambre. Je m'assis sur le canapé pour enlever mes escarpins et j'entends le rire de Peter. Il est sûrement au téléphone avec quelqu'un. J'entends un deuxième rire plus fin. Je me lève le cœur battant et ouvrit la porte. Ce que je vis me fais pousser un cri d'horreur. Les larmes me brouillaient la vue et la dernière chose que je vis avant de sombrer c'est Crystal entrain de hurler à son père de ne pas me toucher.

Je me réveille dans une chambre d'hôpital sans aucun souvenir de comment j'ai atterri là. Je tourne mon regard et tombe sur Crystal endormie dans le canapé, son visage me rappelle son père. Son père Peter que j'ai vu dans notre lit conjugal avec celle que je paie comme assistante. Cette image me hantera toute ma vie j'en suis convaincu. Les larmes me montaient aux yeux et au même moment une femme en blouse blanche entra. J'essuie rapidement mes yeux et reporta mon attention sur Crystal qui était réveiller par le grincement de la porte à l'entrée du docteur.

Docteur : Vous vous sentez bien ?

Moi : j'ai mal à la tête mais ça va.

Elle : vous avez besoin de beaucoup de repos. C'est important pour votre santé et celle du bébé

Crystal et moi : bébé ?

Docteur : oui, vous êtes enceinte de quelques semaines.

Non, non, non ça ne fait pas partir de mes plans. Je n'ai pas prévu cela et je ne peux pas être enceinte maintenant, pas avec ce qui se passe dans ma vie actuellement. Pourquoi tout s'écroule autour de moi ? Qu'est-ce que j'ai fait au bon Dieu ?

Moi : je veux avorter

Cryst : QUOI ?

Moi : Écoute, t'es qu'un gamin, tu ne connais encore rien de la vie et tu ne comprends pas la situation. Je ne peux pas me permettre de tombé enceinte en ce moment. C'est juste impossible.

Lui : je suis peut-être encore un gamin mais je vois tout ce qui se passe entre papa et toi depuis un moment déjà. Je t'ai vu de nombreuses fois prier en pleurant. Je t'ai surpris de nombreuses fois entrain de pleurer dans la buanderie. Je t'ai vu t'évanouir hier et c'est moi qui aie appelé l'ambulance pour t'amener à l'hôpital alors ne me dis pas que je ne comprends pas la situation. Quoiqu'il se passe ce bébé n'a rien demandé. Et si Dieu l'a envoyé en ces temps que tu juges défavorable, moi je pense que c'est pour une bonne raison.

Je regarde cet homme en devenir et me jette dans ses bras sans essayer de retenir mes larmes qui coulaient à flot. Je ne veux pas les cachés, je suis à bout. Ça fait un moment déjà que je vois des préservatifs dans les poches de Peter, je surprends des messages coquins dans son téléphone. Je n'ai jamais pensé qu'il m'est fidèle. C'est un homme après tout, et il passe la plupart de son temps loin de moi alors je comprends qu'il ait des moments d'égarements et je lui aie toujours pardonné. Je ne le mentionne jamais parce-que c'est loin de moi et c'est des histoires d'un soir. Mais il a pris une année sabbatique et il est avec moi alors je ne comprends pas pourquoi il a encore besoin d'aller voir ailleurs. Et les messages coquins dans son phone étaient régulièrement d'un même numéro ce qui veut dire que c'est plus qu'une histoire de soir avec celle-là. Peter et moi on se laissaient nos téléphones pendant des heures mais depuis un moment il a mis de code dans son phone et ne me permettait plus d'y toucher. On s'était convenu avant le mariage qu'on irait au sexe deux fois par semaine et ça a toujours été comme ça jusqu'à récemment où il a besoin de le faire chaque soir. Je me suis pliée à cette volonté pour ne pas avoir à énervé mon mari et le poussé dans les bras d'une autre et qu'est-ce que j'ai eu en retour ? Une grossesse non désirée en plein milieu de problème conjugal. Mais Crystal à raison, ce bébé n'a pas choisi à être là. Même si je continue de croire qu'il n'a rien à faire là, je vais le garder.

Deux mois maintenant que la fille que j'ai engagé comme assistante vit chez moi et se comporte en maîtresse de maison. Je ne comprends toujours pas comment c'est arrivé. Je viens de me rendre compte que c'est elle le numéro qui envoyait régulièrement des messages coquins à Peter. Où est-ce que j'ai fauté ? C'est la question que je me pose chaque jour en me réveillant dans la chambre de mes filles. J'ai supplié mes parents de garder mes enfants jusqu'à ce que la situation s'arrange parce-que je refuse de laisser tomber mon mariage de cette façon bien que mes parents et Crystal me demandent de divorcer.

Peter ne me prête même plus un minimum d'attention, je vis comme un fantôme dans ma propre maison. Je passe toutes mes journées à l'agence pour ne pas avoir à supporter le parfait amour que filent Erlie et mon mari sous mon toit. Je fais attention à toujours éloigner Crystal d'eux parce-que quand ils se retrouvent dans la même pièce c'est des coups de gerles violent. Il a déjà une fois battue mon ex assistante jusqu'à l'envoyer à l'hôpital. Quand Peter est revenu de l'hôpital avec elle, il a voulu se battre avec son fils, je me suis interposé et c'est moi qu'il a battu à la place. Et depuis c'est devenu une habitude pour lui de me battre. Je ne sais ce que lui raconte Erlie pour qu'il soit tant furieux après moi.

Je refuse de laisser mon foyer à cette inconnue sortir de nulle part. J'accepte tous les traitements que je subis mais je sais que tout rentrera dans l'ordre, que Peter viendra me suppliée de le pardonner et nous serons à nouveau cette famille pleine de bonheur que nous avons toujours été.

Quatre mois de grossesse, trois mois de maltraitance, de peines, de pleure. Je commence à désespérer à propos du retour à la normale de la situation. Peter est parti en voyage d'affaires urgent. Il a eu un gros contrat et est partie avec Erlie depuis un mois déjà. Mes enfants sont revenus à la maison et je refuse toujours d'expliquer la situation à mes parents. Si jamais mon père l'apprend il fera enfermer Peter et Erlie et me forcera à divorcer de lui.

Je suis assise dans le salon avec "Karim « le meilleur ami de Peter qui est aussi l'avocat de la famille. Il est souvent à l'étranger à cause de son travail. Ses parents sont amis avec les miens et nous passions souvent nos vacances ensemble. Nos parents étaient convaincus qu'on finirait ensemble mais on s'est perdu de vue à 13ans. Ses parents ont déménagé et quand on s'est revu, j'étais fiancée à Peter et il me l'a présenté comme son meilleur ami qui jouerait le rôle de témoin à notre mariage. Ils se sont connus quand les parents de Karim ont aménagé dans le quartier de Peter après avoir quitté le pays et depuis ils sont toujours ensemble. Je lui ai proposé d'être l'avocat de notre famille et il a accepté avec plaisir.

Karim : Tu peux m'expliquer ce qui se passe avec ton mari ? Je ne le comprends plus.

Moi : j'aimerais pouvoir te donner des explications mais je suis aussi perdue que toi.

Lui : Je n'arrive pas à croire tout ce que ton fils à raconter à moi et à tes parents. Ton père était prêt à déposer une plainte contre lui mais je lui ai dit de me laisser gérer les choses. Parce-que je sais que tu ne voudrais pas qu'il soit mis derrière les barreaux.

Je n'arrive pas à croire que Crystal ait tout raconter à mes parents. Qu'est-ce lui prend de mettre son nez où il ne faut pas ? J'ai peut-être mal fait de lui donner le rôle de chef de la maison en l'absence de son père. Je l'ai mal éduqué.

Karim : N'en veut pas à Crystal, il en a marre de te voir comme ça. Ce n'est pas la mère qu'il connait. Fallait le voir quand il nous parlait, il était tellement enragé, tellement en colère et en larme que ta mère a dû le prendre dans ses bras et le bercé pour qu'il dorme. Il avait la fièvre à force de pleurer et d'hurler.

Moi : quand est-ce que ça s'est passé ?

Lui : quand tu l'as déposé hier chez tes parents pour aller inscrire les jumelles et Hayden à l'école. J'étais chez tes parents pour les saluer.

Moi : J'ignorais qu'il était affecté à ce point.

J'eus honte d'avoir négliger mes enfants au point de ne pas remarquer leurs maux être dans cette situation. Je tourne ma tête vers la télévision et je vis mon mari avec Erlie qui avait le ventre légèrement arrondi. J'augmente le volume de la télé. C'est une interview fait la veille à la fin du contrat pour lequel ils avaient voyagés. Ils devraient être déjà en route pour la maison à cet instant.

"Journaliste : qui est donc cette jeune femme qui vous accompagne ? C'est la première fois que vous êtes accompagné"

"Peter : c'est ma femme Erlie Kepom, nous attendons un enfant dans les quatre mois à venir"

Elle était donc enceinte depuis 5mois ? Il a donc osé la présenter comme sa femme devant le monde entier ?

"Journaliste : pourtant vous nous aviez dit dans une interview que votre femme s'appelait Joy Mabs avec qui vous avez eu quatre enfants Crystal, les jumelles Pearl et Peace et Hayden le dernier

"Peter : oui mais nous avons divorcer, elle m'a trompé avec mon meilleur ami Karim Zigani. Et pour info, ce bâtard d'Hayden n'est pas de moi. C'est un pauvre orphelin que Joy a adopté qu'elle est trop belle pour donner naissance à nouveau"

La télé s'éteint automatiquement, je tourne la tête et tombe sur mes enfants, Hayden était dans les bras de Peace et Pearl avait la télécommande en main.

Je n'avais jamais refusé de donner naissance à nouveau et Peter ne m'avait jamais demandé de donner naissance à nouveau. J'ai adopté Hayden pour que Crystal ne se sentent pas seul étant seul garçon et j'ai toujours adoré m'occuper des orphelins, si je pouvais, j'allais les adoptés tous. Ces petits anges n'ont pas demandé à être sans parents, il nous revient donc à nous tous de nous occuper d'eux. Je suis fille unique alors je connais la solitude et je voulais éviter cela à mon fils. Je vivais comme une mère célibataire vu les déplacements de Peter alors j'ai jugé bon de m'arrêter à deux grossesses. Géré une grossesse en plus de mes enfants et de mon boulot n'était pas envisageable pour moi surtout que je n'avais pas d'employer de maison et je faisais tout seule. Je n'ai pas arrêté de concevoir parce-que je voulais garder ma beauté. Entendre ces trucs sortir de la bouche de l'homme que j'ai appelé mari depuis l'âge de 19ans était comme un poignard dans le ventre. Ces 12années de mariage me parurent une mascarade, comme si je n'ai jamais connu l'homme que j'ai épouser. L'entendre traiter Hayden de bâtard devant tout le monde entier me faisait plus mal que la faite qu'il ait menti à propos de Karim et moi. Je suis maintenant sûr que plus jamais je ne pourrai le regarder droit dans les yeux sans avoir envie de lui cracher à la figure. Ce n'est définitivement plus mon homme, je n'ai plus ma place à côté de lui, il faut que je m'en aille avant son retour. Je risque de lui manquer de respect si je me retrouve devant lui et je ne veux pas ça.

Karim : Montez faire vos valises s'il vous plaît. Prenez tout ce qui est important.

Pearl : d'accord.

Karim : où est Cristal ?

Peace : personne ne sait. Depuis le petit déjeuner il a disparu.

Moi : Okay, Allez faites vite. Hay arrête de pleurer mon bébé.

Hay : He broker m'y hart ! (En mettant la main sur son cœur)

Je le prends dans mes bras et le console du mieux que je peux. Il a toujours été un garçon plein d'énergie et toujours souriant. Pourtant il a toujours su qu'il n'était pas mon enfant biologique, je ne le lui ai pas caché mais je lui ai toujours dis que pour moi il était un enfant comme ceux que j'ai conçu moi-même. Le voir dans cet état me brise le cœur et je ne le pardonnerai jamais à Peter. Le pauvre Hayden a eu son cœur en morceaux en entendant ses mots sortir de la bouche de l'homme qu'il a toujours appelé papa. La maladie l'a cloué au lit pendant des semaines et a peine il s'en est remis, il fait face à un autre défi que son petit cœur faible n'a pas pu supporter.

Il finit par se calmer et suivis ses sœurs à l'étage. Je m'occuperai de mes affaires et Crystal plus tard. Faut que j'appelle mes parents, je suis sûr qu'ils ont aussi vu l'interview de Peter et plus rien ne peut calmer mon père après cette dernière action de Peter.

Moi : Tu pourrais nous faire divorcer aujourd'hui ?

Karim : ça ne marche pas comme ça. Mais je vais essayer d'aller voir le juge et lui parler.

Moi : Merci d'être là.

La porte d'entrée s'ouvrit laissant entrer mes parents. Mon père était visiblement très en colère, Hayden qui descendait les escaliers courus se jeté dans ses bras.il est vraiment brisé mon bébé. Ma mère vint lui passer la main sur le dos pendant qu'il mouillait la chemise de mon père avec ses larmes.

Papa : j'espère que t'as pris des mesures

Karim : Elle va divorcer, j'ai demandé aux enfants de faire leurs valises, ils vont partir tout de suite.

Maman : ça ne suffit pas. Il t'a battu Joy, d'habitude c'est ton père qui est chaud bouillant mais là c'est moi qui le suis. Un enfant que moi j'ai galéré avant d'avoir, un petit garçon ose lui mettre la main dessus à cause du petit truc qu'il a entre les jambes. Il est dérangé ou bien ? Je l'avais prévenu, on ne joue pas avec ma vie.

La porte s'ouvrit encore une fois et cette fois ci c'est Peter et Erlie qui étaient entrés.

Erlie : c'est quoi tout se bouquant dans ma maison ?

Ma mère lui mit une gifle qui l'a fit basculer. Elle fut retenue par Peter qui était en colère.

Peter : je vous respecte mais vous n'avez pas le droit de lever la main sur elle. Vous êtes chez moi ici par conséquent chez elle alors elle a le droit de réclamer le silence.

Maman : Paracerque toi tu as cru que tu as le droit de toucher à ma fille ? Un enfant que j 'ai cherché pendant des années ? Quand tu as commencé tes choses de voyage d'affaires là mon mari à parler je l'ai calmé, ensuite tu as amené ta bordailleriez jusqu'ici, tu faisais pleurer ma fille je n'ai encore rien dit parce-que je me suis dit qu'elle est assez grande pour tenir son mariage. Mais le petit truc que t'as dans le caleçon là a bouffé ton cerveau et t'as oublié que je t'avais mis en garde de ce qu'elle était pour son père et moi. T'es allé jusqu'à enceinter sa secrétaire, ça ne te suffit pas, tu as osé la présenter devant la télé et salir le nom de ma fille. Pour couronner tout tu insultes mon petit-fils de bâtard. Tu as la chance que je connaisse le cœur de tes parents sinon je vais te traiter ici là tu vas mal comprendre.

Je n'avais jamais vu ma mère dans un état pareil. Elle était toute rouge et parlait sans s'arrêter pour respirer. Mon père mit Hayden à terre et essaya de calmer ma mère. Crystal sorti de je ne sais d'où, sûrement alerté par les cris de ma mère. Il faisait descendre les valises de ses sœurs, ceux d'Hayden, les tiennes et même les miens. Je comprends maintenant où il était depuis, il était en train de faire les affaires. Quand il finit de descendre toutes les valises, il s'assit sur l'une d'elles et aidait Hayden à mettre ses chaussures.

Peter : c'est tout le problème. Vous avez souffert pour l'avoir et puis quoi ? Vous en avez fait un enfant gâté.je vous le dis, votre fille n'a aucune éducation. Vous ne l'avez pas éduqué.

Crystal : ne parle pas de ma mère comme ça.

Il y avait tellement de colère dans sa voix et de haine dans son regard que j'ai cru ne pas reconnaître qui avait parlé.

Moi : CRYSTAL !! Ne lui parle pas comme ça, c'est ton père.

Crystal : c'est ton problème si tu as toujours envie de l'appeler mon père. En ce qui me concerne cet homme n'est rien pour moi.

J'avais les yeux qui manquaient de sortir de leurs orbites. Ce n'est plus le petit garçon que j'ai élevé. En ce moment-là je haïssais de ton mon cœur Peter. Je lui en voulais profondément d'avoir faire de lui un garçon qui connait maintenant la haine et la colère. Je lui en veux d'avoir brisé notre famille, de m'avoir trompé pendant tout ce temps, d'avoir amené une fille dans notre lit, d'avoir insulter Hayden et la mémoire de ses parents. Je me permettais maintenant de me mettre en colère contre lui et de lui en vouloir pour tout ce qu'il m'avait fait subir. Mes parents aidaient à faire sortir les valises.

Peter : vous voyez ce qui se passe ? Elle a transmis sa mauvaise éducation à son fils.

Je ne plus me retenir et je lui mis une gifle qui avait fait arrêté tout mouvement dans la pièce. Mes parents étaient étonnés, même les enfants n'en croyaient pas leurs yeux. Je n'avais jamais usé de violence durant toute ma vie. Quand une situation essaie de me faire sortir de mes gongs, je m'en éloignais juste pour ne pas à recourir à la violence verbale ou physique, mais là je viens de le faire. La haine en moi en ce moment est trop grande pour que je m'éloigne sans rien faire. Peter tenait sa joue la bouche ouverte, lui non plus n'avait jamais vu une version de moi capable de colère et de violence.

Moi : ça c'est pour avoir brisé le cœur de mon fils.

Je lui en mis une deuxième

Moi : ça pour avoir manqué de respect à l'éducation que m'ont donné mes parents

Une autre

Moi : ça pour avoir brisé ma famille

Une autre

Moi : ça pour avoir fait sortir ce côté de moi.

Il avançait au fur et à mesure que je le giflais et lui parlait, il était trop étonné pour réagir ou m'arrêter. Il finit par être coincé contre le mur. Je mis mon l'annulaire gauche devant lui.

Moi : Ne t'avise plus jamais de t'approcher de ma famille.

Assise dans le salon de mes parents je réalise enfin ce qui vient de se passer. Ça y est je suis officiellement une mère célibataire. Comment c'est arrivé ? Je ne peux l'expliquer, je suis moi-même encore chambouler et dans l'incompréhension totale. Mais je ne peux pas craquer, je ne dois pas me laisser abattre. Faut que je tienne le coup, pour mes enfants, pour mon travail et surtout pour cet être qui grandit en moi.

Le défilé est le mois prochain et faut que je m'occupe des mannequins. Il me faut surtout un mannequin principal. D'habitude c'est le rôle de Peter mais là...coorg, je ne dois plus penser à lui, faut que je me retienne.

...- qu'est-ce que tu fais ?

Je me retourne et tombe sur Karim et mes parents.

Moi : Je réfléchis à la présentation de ma marque. C'est le mois prochain et il faut que je trouve des mannequins.

Maman : Justement à propos, je pense que tu devrais repousser la date. Avec tous ce qui se passe actuellement dans ta vie il faut que tu prennes du temps pour toi.

Moi : non non ! Il n'est pas question que je repousse encore la date. C'est ce que je fais depuis des mois déjà. Rien ne m'empêchera de faire la présentation le mois prochain. Et je n'ai pas besoin de repos, je vais bien.

Karim : je travaille avec une boîte de mannequin, je peux t'aider à les avoir pour ton défilé.

Moi : Merci beaucoup

Papa : Ne soit pas égoïste s'il te plaît et arrête de faire comme si tu étais seule, tu es enceinte et tu dois penser à ce petit être. Les évènements de ces derniers temps ne t'ont pas permis de penser à lui mais maintenant que tout est fini tu dois lui consacrer du temps. Va fais les analyses à l'hôpital et vérifie que tout va bien avec lui.

Moi : Vous avez raison mais je vais m'occuper de ça plus tard. Faut que ma marque sorte.

Papa : têtu comme toujours

Maman : on se demande de qui elle l'a pris.

Karim : Crystal m'a dit que tu as pris des renseignements pour un logement ?

Moi : Oui, je ne compte pas rester chez mes parents avec les enfants.

Maman : Mais pourquoi ? Ce n'est pas bien que tu sois seule avec les enfants et ta grossesse. Il te faut de l'assistance.

Moi : Maman, j'ai toujours été seule avec eux, y'a pas de différence.

Karim : je pense sincèrement que tu devrais rester ici avec eux. Tes parents pourront t'aider avec les enfants.

Moi : N'insistez pas s'il vous plaît. Ça va me faire bizarre de revenir vivre ici.

Papa : Reste alors avec Karim. Il a une grande maison, est célibataire, et est tout le temps à l'étranger.

Maman : oui, là au moins tu pourras avoir l'impression de vivre seule.

Karim : En plus j'ai un personnel de maison. Tu n'auras plus à tout faire toi seule. Ils pourront veiller sur toi quand je ne serai pas là.

Papa : D'ailleurs on ne demande pas ton avis. C'est décidé, tu vas rester avec Karim.

Moi : je ne peux vrai....

Papa et maman : NON !!!

Moi : vous êtes chiants.

Karim : la femme de ménage passe tous les matins pour nettoyer toutes les pièces. Je te présente Kelly la cuisinière, Paul le jardinier et madame Corinne la gouvernante de la maison. Elle va vous montrer vos chambres. Je vous présente Joy et ses enfants Crystal, Pearl et Peace les jumelles et Hayden. Ils vont vivre avec nous.

Mme Corinne : soyez les bienvenus

Moi : Merci.

Karim : je vais aller faire quelques courses.

Hayden : tu vas aller vers le glacier ?

Karim : il semblerait

Hayden : Maman, je peux y aller avec tonton Karim s'il te plaît ?

Moi : oui bien sûr.

Hay : Merci. Mais tu peux me prêter de l'argent s'il te plaît ?

Peace : et tu comptes rembourser comment ?

Hay : en travaillant

Pearl : j'aimerais bien te voir faire autre chose que manger des friandises et des glaces.

Hay : hey ! Maman regarde elles recommencent.

Moi : les filles !! Hayden tes sœurs ont raison, tu manges trop de sucreries. C'est peut-être pour ça que t'étais malade.

Hay : une dernière fois et j'arrête.

Moi : tu promets ?

Lui : promis.

Karim : allez viens on y va.

Pearl : on peut venir aussi ?

Karim : oui venez.

Karim sort avec les jumelles et Hayden qui ont recommencé à se chamailler pour des futilités. C'est toujours comme ça ces trois-là, ils sont toujours en train de se taquiner mais ils s'aiment beaucoup je le sais. Je jette un coup d'œil à Crystal qui n'a pas réagi depuis qu'on a quitté son père. Une semaine qu'il se contente de rester assis au milieu de nous à lire ou écouter la musique. Je commence à m'inquiéter.

Mme Corinne fait monter les valises dans les chambres et me fait visiter la maison. Nous avons fini la visite dans le magnifique jardin où se tenais la piscine. La maison est vraiment immense et joliment construite. Je m'assis sur une chaise et Mme Corinne s'asseoir en face de moi. C'est une dame d'un âge avancé, plus âgée que ma mère je dirai. Elle est habillée d'un complet tailleur cendre qui lui va à ravir. Elle doit être une charmante personne, je lui fais déjà confiance pour mes enfants.

Elle : C'est la première fois qu'une femme vient ici.

Je la regarde surprise. Elle avait les yeux rivés sur le jardinier qui taillait les fleurs de l'autre côté.

Moi : oh non, Karim et moi on n'est pas.

Elle : Je sais ! Je sais qui vous êtes. Karim m'a brièvement expliqué la situation.

Elle me regarde maintenant et je peux lire la désolation et la compassion dans ses yeux. C'est vraiment une merveilleuse personnes cette dame. Elle ne me connaît pas mais compatit à ma douleur. Je baisse mes yeux sans savoir quoi répondre.

Elle : Vous avez des enfants magnifiques

Moi : merci ! Ils sont toutes ma vie

Elle : tenez bon pour eux comme ils essayent d'aller mieux pour vous. C'est les seules personnes qui ne vous abandonneront jamais alors montrez leurs aussi qu'ils seront toujours ceux que vous choisirez.

Moi : Merci beaucoup.

Elle : Non, merci à vous d'apporter un peu de gaité dans cette maison. C'est toujours calme par ici. J'adore les enfants alors quand j'ai vu le petit numéro de votre dernier et ses sœurs j'ai senti que cette maison allait devenir très vivante.

Moi : je vous promets que vous allez démissionner sous peu. Hayden peut être vraiment chiants quand s'y met. Et c'est un vrai casse-tête.

Elle : c'est ce qui les rend magique.

… : C'est à vous dans deux minutes.

Moi : d'accord.

Je prends mon discours et me regardes pour une dernière fois dans le miroir, mon ventre commence à s'apercevoir légèrement, ça va faire la polémique ce soir mais bon… ce n'est pas pour ça que je suis là. Je m'avance vers l'estrade et monte sur scène toute souriante quand le présentateur appel mon nom.

Moi : Merci Charles, tu m'as vraiment gâté avec les compliments. J'ai l'impression d'être faite en diamant.

Tout le monde rit à ma blague. Ça me fait chaud au cœur de voir tant de personnes présentes pour la première sortie officielle de ma nouvelle marque.

Moi : je suis très heureuse de vous voir si nombreux.

Je suis surtout heureuse parce-que je sais combien coûte la place et voyant votre nombre je me réjouis de voir grossir ma balance en banque.

Tout le monde rit encore une fois. Je regarde ma tablette sur laquelle y'avait mon discours et je n'ai pas envie de leurs lire ce que m'a pondu le service marketing de l'agence. J'éteint la tablette et le donne à Charles le présentateur.

Moi : je ne me sens pas d'appoint à mentir ce soir alors je vais essayer d'improviser. Si je n'arrive pas à parler de cette marque que j'ai pondue moi-même, alors n'achetez rien de ce qui vous sera montré ici ce soir aussi jolie soient-ils. Quand j'ai voulu créer cette marque de vêtements, je n'avais aucune idée du nom que ça pourrait porter, ni de ce à quoi elle ferait référence. Tout compte fait, je voulais un nom accrocheur, qui attirerait beaucoup de jeunes. J'ai pensé à "cool" et à d'autres expression dans le genre qui faisait du buzz au niveau de la jeunesse. Puis à un moment donné j'ai abandonné l'idée de créer une nouvelle marque, parce-que je ne vivais aucun des noms que je trouvais et ils ne m'inspiraient rien du tout comme logo, parfois même je devais les écrire quelque part pour ne pas les oublier.

Puis un jour j'ai regardé une série sur les diamants nommée « CE". Au prime abord je ne voyais pas le rapport entre le contenu de la série (qui parlait des diamants) et le titre "ICE » (qui signifiait, à ma connaissance, la fraîcheur). Mais j'suis allé chercher sur internet et j'ai vu que "ICE"pouvait être attribuée à "la fraîcheur », au "verglace" et au "diamant". D'une part j'étais très sidéré par l'histoire des diamants dans la série et avec la compréhension du nom, j'ai commencé à aimer les diamants et j'ai adopté ce mot.

Je savais désormais comment allait s'appeler ma marque :"ICE" comme le diamant et aurait comme logo un beau et brillant diamant. Je m'identifiais à ce beau et incassable métal. Le nom même viens du grec ancien « damas " qui veut dire<< indomptable>>, le terme qualifie initialement un état d'âme indomptable avant de désigner les métaux les plus dures avec lequel sont forgés les armes et les instruments des dieux. La dureté du diamant contribue à son succès en tant que pierre précieuse. Contrairement à des nombreuses pierres précieuses, sa résistance aux rayures fait qu'il peut facilement être porté au quotidien en maintenant la qualité de son poli.

Vous savez ? Un diamant brut est dépourvu de beauté, même un enfant ne l'aura accepté comme cadeau. Il a certes une valeur, mais juste parce qu'on pense à la polir et lui donner une forme. C'est seulement après ce travail qu'il devient objet de convoitise de tout le monde. Même un enfant qui ne sait rien de la vie acceptera cela à cause de sa beauté. Et c'est comme ça que j'aimerais que ceux qui porteront ma marque se sentent : comme des diamants avec une grande beauté et une valeur sans pareille. Je veux que tous vous vous sentez beau et brillant comme ce métal, incassable comme ce métal, et indomptable comme ce métal. Forgez-vous un caractère reflétant les caractéristiques de ce métal et considérez-vous comme attirant l'administration de tous comme ce métal l'attire.

Un jour j'ai regardé un documentaire sur les aigles, les aigles Royals et je me suis demandée pourquoi c'est le lion qui a été nommé roi des animaux. Un aigle est fort, puissant et je suis tentée de dire "incassable" comme le diamant. L'argilite, la vitesse et la puissance sont les caractéristiques de l'aigle. Je ne vous apprends rien concernant cet oiseau.

Pour moi vous êtes tous des diamants et je veux que vous en preniez conscience et que vous adoptez les caractères de l'aigle. Peu importe les situations qui vous arrivent gardez la tête haute et rappelez-vous que vous êtes des diamants et que vous avez la force, l'argilite et la puissance de l'aigle. Ne vous laissez pas abattre par les coups de la vie. Je l'avais dit, si j'étais venue ici avec un diamant brut comme cadeau, personne ne l'accepterait, ou les gens l'accepteront mais seulement en pensant au résultat qu'ils obtiendront après l'avoir travaillé. Les gens verront un diamant brut a terre et le dépasseront, il n'attire pas. Mais quand une main d'artistes fera un bon travail sur lui et le remettra à terre, y'aura une grande bagarre pour savoir qui l'apportera chez lui. Soyez non seulement un diamant, mais en même temps cette main d'artistes qui vous ferait briller et attirer l'administration. Ne donnez l'occasion à personne de déterminer qui vous devez être.

Ma marque s'appelle "idéale" pour signifier le diamant et l'aigle. Les valeurs que nous promouvons sont : l'amour propre, la confiance en soi, l'estime de soi, l'assurance, la fierté et l'acceptation de soi. Les vêtements sont conçus avec des tissus originaux qui prouvent les valeurs et le message que nous passons. Les modèles sont conçus pour mettre en valeur la personne idéale que vous êtes sans vous forcer à être quelqu'un d'autre. Ils sont simplement dessinés et à la convenance de toutes personnes. Adoptez idéale c'est adopté une beauté de diamant et un caractère d'aigle. Je vous remercie.

Je quitte l'estrade sous les ovations de toute la salle. Je me rends en coulisses et voit Crystal qui m'attendait avec un verre d'eau.

Lui : Tu as été géniale.

Moi : Merci. Maintenant va te préparer pour le défilé.

Lui : d'accord.

Je vais prendre place quelques part pour suivre le défilé et j'étais moi-même émerveillé par cette collection que j'ai créée. C'était des modèles simples mais avec des lustres de valeurs. J'ai vraiment tout donné dans cette marque et je suis très fière du rendu. J'espère que les gens verront en ces vêtements la même valeur que je vois en eux.

La fin du défilé est marquée par la sortie de tous les mannequins qui ont défilés suivis par moi. Je salue la foule et m'approche de Karim et mes enfants qui ont joués les rôles de mannequins principaux.

Charles annonce la séance des journalistes et je ne peux qu'être stressé. Le moment que je redoutais depuis un moment est enfin arrivée et je ne peux me défiler. Je suis vraiment très angoissée.

Crystal : Si tu n'as pas envie de le faire, tu peux refuser.

Moi : Non c'est bon.

Karim : si une question est trop directe pour toi, ignore là juste.

Moi : D'accord.

Sally : Si vous en avez assez-vous pouvez mettre fin à la séance

Moi : c'est compris.

Crystal : Ne t'inquiète pas, on est tous là pour toi. Tout va bien se passe.

Mou : Merci beaucoup mon bébé.

Je le prends dans mes bras et lui fais un bisou. Il se dirige vers ses frères qui étaient avec mes parents et moi je vais m'asseoir devant ses yeux curieux de journalistes. Ils sont trop nombreux à mon goût. C'est normal, ma première apparition publique après les déclarations de mon ex-mari et ils espèrent avoir une confirmation ou un démenti de ses dits.

Les premières questions étaient tous concernant la nouvelle marque et jusqu'ici tout va bien. Je crois même que mon angoisse est partie.

Journaliste 23"c'est la première fois depuis votre mariage que vous présentez un produit sans votre mari. Cela a-t-il un rapport avec ses révélations de la fois dernière ?"

Moi : cela n'a rien à y avoir. Le changement est parfois important dans la vie.

Journaliste 10" Et pourquoi juste après sa révélation sur une certaine liaison entre vous et le maître Karim Ziani, ce dernier joue mannequin principal à la place de votre mari ? "

Moi : je rappelle que le maître Zigani a déjà posé pour moi sur de nombreux projets et ce même en collaboration avec mon ex-mari. Alors je ne pense pas que je dois me justifier sur la faite qu'il joue mannequin après certaines révélations.

Journaliste 5"vous venez de dire ex-mari. Donc c'est vrai que Peter Morgan et vous aviez divorcer ? "

Moi : oui !

Journaliste 8" quelle est donc la cause ?"

Moi : je n'ai plus rien à ajouter.

Ma nouvelle marque a connu un tel succès en seulement deux mois après la sortie. J'ai reçu des commandes tellement importantes que j'ai été obligée de recruter encore beaucoup de personnel pour pouvoir répondre aux commandes. Une boutique à Paris veut se spécialiser dans la vente de ma marque alors je fais un voyage demain avec Karim pour aller discuter des clauses avec le propriétaire. Mon ventre est maintenant très visible et je ne vous dis pas ce que raconte les presses sur Karim, moi et cette grossesse. Je ne me suis pas encore prononcé sur tout cette histoire. Peter et Erlie ont disparu, personnes ne sais où ils sont et c'est tant mieux. Ma mère va venir rester avec les jumelles et Hayden pendant mon voyage sur Paris. Crystal est à l'internat maintenant dans son lycée. Je ne sais pas pourquoi il a voulu quitter la maison, il me parle même plus comme avant. Il répond juste aux questions qu'on lui pose et ne dit plus rien. Son directeur m'a conseillé de l'amener voir un psychologue mais il ne veut pas y aller. Je sais plus du tout quoi faire avec lui.

Karim : tu penses à quoi ?

Moi : Crystal, il m'inquiète beaucoup.

Karim : ah je vois !

Moi : quoi ?

Lui : non rien.

Moi : Dis-moi ce que tu en penses. Ce n'est pas ton genre de dire "ah je vois"

Lui : Bon, je crois que c'est ta faute

Moi : développe.

Lui : Tu crois qu'il l'a vécu comment toute cette histoire ? C'est son père et il n'a pas toujours été là pour lui mais il l'aime beaucoup tu le sais. Après que vous ayez quitté la maison tu n'as plus essayé de lui parler plus calmement de tout ça. Il a toujours été celui à qui tu te confies sur tout, mais maintenant tu ne lui dis plus rien. En gros tu l'as oublié, c'est comme si tu n'as plus besoin de lui maintenant que tu n'as plus vraiment de problème avec son père, il se sent délaissé. Essaie de trouver un temps pour parler avec lui plus tranquillement.

Durant toute cette semaine je n'ai pensé qu'à

mon fils. C'est vrai que je m'en suis un peu éloignée, mais il me rappelle tellement son père, cet homme qui m'a fait tant de mal ... c'est son portrait craché mais je sais que mon fils est meilleur homme que lui. J'aurais aimé l'amener avec moi ici mais il a ses cours. Je sais qu'il aurait adoré cette plage.

Karim : je n'ai pas trouvé de crème à la vanille, je t'ai pris du chocolat.

Moi : Merci !

Karim : hé merde !

Moi : qu'est-ce qu'il y'a ?

Lui : Là y'a une journaliste qui vient de nous prendre en photo et voilà l'agent de Peter qui avance vers nous.

Moi : vas-y ignore les. Si point où j'en suis je ne veux pluie stressée. Cette grossesse me fatigue grave.

Je prends une bouchée de ma glace, baisse les lunettes sur mes yeux et pose mon dos contre le transat avant qu'une ombre ne me cache le soleil. Je devine sans trop de mal qu'il s'agit de Greg l'agent de mon ex-mari.

Lui : salut !

Karim : ouais mec ça va ?

Lui : oui et toi ? Tu dates.

Karim : c'est les affaires.

Lui : je comprends ! Salut la joie.

Je souris malgré moi. Greg est un homme charmant, il est adorable avec tout le monde et il m'a toujours appelé comme ça. Je décide d'arrêter de faire semblant.

Moi : salut Gag.

Lui : Je vous ai vu de loin et j'ai voulu venir vous saluer.

Mo : c'est gentil.

Karim : vous êtes en tournée en ce moment ?

Greg : non ça fait un moment que Peter ne veut plus entendre parler de boulot, je ne le reconnais plus.

Karim : bah ça alors !

Greg : Joy s'il te plaît fait que tu lui parles.

Moi : Écouté Gag, il m'a sorti de sa vie et j'essaie de le faire sortir de la mienne, je n'ai plus envie qu'il me gâche mon existence. Je veux juste profiter de la vie, prendre soins de mes enfants et faire bien tourner mon agence.

Lui : Je sais très bien que c'est lui qui a tout détruit mais je sais qu'il n'est plus de même. Il y'a un truc qui ne va pas avec lui. La dernière fois qu'il est passé au studio il était ailleurs comme si son corps était dépourvu de son esprit. Je sais que c'est dingue mais je te jure qu'il a besoin d'aide. Fais-le pour tes enfants s'il te plaît. Ils ont besoin de leurs pères malgré tout.

Moi : je verrai ce que je peux faire mais je ne te promets rien.

Lui : merci beaucoup la joie. Karim prend soin d'elle stp, et du bébé aussi.

Karim : ne t'inquiète pas frère. Je t'appelle après pour un truc.

Lui : okay.je dois y aller là sinon ma femme va me tuer, vous la connaissez !

Moi : bien de choses à elle.

Je range le livre que je lisais avant de recevoir

le coup de file et me dirige vers le lycée de Crystal à toute vitesse. Son principal vient de m'appeler pour me dire qu'il s'était encore battu, ça fait la 5è fois dans la semaine. Je n'ai pas encore eu l'occasion de le voir depuis mon retour de Paris, soit deux mois. J'ai pris un congé pour me reposer et me remettre de tout ce qui s'est passé dans ma vie dernièrement.

Quand je suis entrée dans le bureau du principal j'y ai vu Crystal assis, les lèvres fendues et du sang sur sa chemise. Il a grandi en si peu de temps qu'il a quitté la maison, il est plus élancé, plus imposant et plus beau mais avec un visage sur et fermé. Ses cheveux sont taillés vulgairement et sa barbe non rasée. Je m'assois à côté de lui et continue de le dévisager comme un inconnu. Le principal m'explique qu'il est devenu très violent et qu'il l'aurait viré depuis s'il ne comprenait pas la situation.

Le PP : je crois que vous deviez le ramener chez vous pour quelques petites semaines, il a vraiment besoin de se calmer sinon ça va mal finir pour lui. Ici c'est un lieu d'éduc.

Le PP : je crois que vous deviez le ramener chez vous pour quelques petites semaines, il a vraiment besoin de se calmer sinon ça va mal finir pour lui. Ici c'est un lieu d'éducation et non un ring.

Moi : Je comprends ! Merci de m'avoir appelée. Nous allons y aller.

Crystal ne m'a ni regardé, ni adresser un mot depuis le lycée jusqu'à l'arrivée à la maison. Il est directement monté dans sa chambre sans saluer les employés de maison. Je le suis avec de quoi soigner sa blessure, mais quand j'ai voulu le toucher il s'est éloigné et est allé s'accouder à la fenêtre.

Moi : Tu veux faire quelques paniers avec moi ?

Lui : je joue plus.

Sa voix aussi avait muée, elle est plus grave maintenant et déstabilisant. J'ai vraiment du mal à reconnaître mon bébé. Ça fait seulement quatre mois qu'il a quitté la maison et maintenant j'ai l'impression d'être devant une personne du même âge que moi.

Moi : Pourquoi tu te bats ?

Lui : Ce n'est pas tes oignons. T'as pas mieux à faire que de rester là ? Ton agence ne t'attend pas ?

Mon âme est brisée, Crystal qui me parle comme à un pote, qui sort une cigarette et fume devant moi.

Je n'ai jamais été autant mal, même la rupture avec Peter ne m'a anéanti à ce point. Je ne sais comment des larmes ont commencé à sortir de mes yeux. Je retourne vivement Crystal mais il ne me regarde toujours pas dans les yeux.

Moi : je suis désolée. Vraiment désolée Il ne dit rien mais ne me regarde pas toujours. Je prends sa tête de mes deux mains et le force à me regarder. Son regard qui était féroce s'adoucit un moment avant qu'il ne me m'éloigne de lui. Je me jette alors dans ses bras en ne retenant point les larmes, je sais qu'ils n'y sont pas indifférents et j'ai envie qu'il voie à quel point j'ai mal. Il reste stoïque un moment, puis m'entoure de ses bras. Je sens mon haut entrain d'être mouillé par ses larmes.

Lui : je suis désolée maman ! Tu m'as tellement manqué si tu savais. Je croyais que jamais tu n'allais venir me chercher, que ton travail était plus important que moi, que tu m'ignore parce que je ressemble à cet homme qui t'a fait tant de mal.

Moi : Rien n'est plus important que mes enfants dans ma vie et jamais je n'oserais te juger avec les agissements de ton père. Mon bébé, maman s'en veut tellement si tu pouvais savoir. Je suis vraiment désolée, je te demande pardon. Pardon de pas avoir été là pour toi quand il fallait, de pas avoir su te protéger de la violence et des vices immoraux, pardon de pas avoir vu à quel point cette situation t'avais rendu mal en point.

Ce dernier mois de ma vie a été consacrée à mon fils. Il est revenu s'installer à la maison et à arrêter l'alcool et la cigarette, ça n'a pas été facile mais il était décidé et il a pu arriver. Il a même repris le basketball et Dieu sait comment je suis fier de lui. Cette situation m'a bien retourné le cerveau, j'ai peurs pour mon fils et l'homme qu'il devient.

Cryst : Maman, je ne serai pas comme lui. Je te promets de tout faire pour être un bien meilleur homme que lui. C'est vrai que tu en doutes maintenant mais c'était juste une phase très dure pour moi. Je l'ai surmonté grâce à toi et je sais que tu seras toujours là pour me guider sur la bonne voie.

Je le regarde et je ne peux m'empêcher de sourire. Il me fait un bisou sur le front et va se coucher. Je sais que mon fils sera un bien meilleur homme que son père, je le sais parce que je ferai tout pour qu'il le soit.

3ANS PLUS TARD

Je sors de ma voiture et entre dans mon agence. Ça fait longtemps que je n'y ai pas mis les pieds, j'étais occupée à élever mes enfants, à jouer au papa et à la maman à la fois. J'ai pris du temps pour eux et je ne le regrette pas le moins du monde. L'agence a quand même évoluer, j'ai une équipe de choque et je travaille depuis chez moi.

Les employés étaient contents de me voir et je suis la première à être choqué de la petite fête de "bon retour" qu'ils m'ont organisé. On a passé plus de deux heures à faire la fête et il faut maintenant qu'on se remette au travail. Je me dirige vers mon bureau et je constate qu'il y avait plusieurs changements très agréables d'ailleurs. Je prends place sur mon nouveau fauteuil et me penche sur mon nouveau laptop pour me mettre vraiment à jour des derniers avancements de mon entreprise. À peine je me concentre que je vois la tête de Elsa dans l'embrasure de ma porte.

Elle : Je peux ?

Moi : Ouais vas-y.

Elle : Y'a une dame qui essaie de vous contacter depuis plus de trois ans déjà, elle est passée plusieurs fois à l'agence et elle est encore là aujourd'hui.

Moi : Qu'est-ce qu'elle veut ? C'est pour une commande ?

Elle : Je ne crois pas ! Elle n'a rien dit, juste qu'elle doit vous voir.

Moi : C'est louche tout ça.... Fait la entrée.

Elle s'en alla et revient quelques minutes après avec des dossiers que je lui avais demandés et une dame de la cinquantaine toute radieuse. Je n'ai aucune idée de qui c'est et son visage ne me dit rien du tout. Je la reçois quand même et elle est vraiment très patiente quand elle parle, elle prend tout son temps.

Elle : Vous n'avez aucune idée de qui je suis je le sais. Je m'appelle Anna RACIA, et je suis communicatrice à la télévision nationale.

Moi : Qu'est-ce que je peux faire pour vous ?

Elle : Je veux vous parler Erlie Kepom et votre mari.

Moi : Je suis désolée mais ça ne m'intéresse pas. C'est un chapitre de ma vie que j'ai eu du mal à fermer, je ne veux pas revenir là-dessus s'il vous plaît.

Elle : Vous devriez pourtant ! Je comprends votre situation pour l'avoir vécu et croyez-moi, si vous ne voulez pas que vos enfants deviennent orphelins, vous devriez agir.

Moi : Je ne comprends pas.

Elle : Dans son CV elle a bien mentionné qu'elle avait travaillé à la banque non ? Je suis la femme du directeur de cette banque.

Moi : Celle qui l'a fait renvoyer parce-quelle vous avait mal reçu ?

Elle : C'est ce qu'elle vous a dit ? Eh bien sachez qu'elle est partie d'elle-même. Cette fille est une vraie vipère. Une arnaqueuse professionnelle. Elle étudie de loin sa cible, élabore les stratégies et passe à l'attaque. Elle a fait pareil avec mon mari, et avec les trois hommes avant lui. Elle s'est présentée à la banque de mon mari comme une postulante à l'assistance, elle a pondu un CV en béton et à raconter une histoire de vie triste pour être sûr d'être recrutée. Mon mari en plus d'être directeur de la banque est héritier d'une grande fortune, et avec moi qui suit dans la politique du pays, nous avons une vie médiatisée. C'est comme ça qu'elle choisit ses cibles. Les trois hommes avant mon mari étaient aussi très riches et connus sur les médias sociaux. Deux parmi eux étaient mariés et le troisième, fiancé. J'ignore comment elle a procédé avec eux mais ils sont morts à l'heure actuelle et avant, ils se sont mariés à elle donc elle a eu leurs fortunes. Quand j'ai commencé à soupçonner son trop d'attention pour mon mari, j'ai engagé un détective pour fouiller un peu sa vie passée, c'est comme ça que j'ai appris ces informations sur elle. Je ne peux vous dire avec exactitude comment elle ci prend pour les embarquer dans un mariage mais c'est mystique et spirituel. Dès que j'ai appris ces choses, je suis directement allée la confronter devant mon mari à la banque et elle n'a rien dit. Elle est juste rentrée chez elle et plus jamais on a entendu parler d'elle. Jusqu'à ce que j'apprenne par les réseaux sociaux qu'elle s'est mariée à votre ex-mari. J'ai donc décidé de venir vous aider afin de sauver votre mariage. Croyez-moi votre mari est innocent, il est juste sous son emprise.

Je la regarde sans rien dire. Je suis très choquée et je ne sais pas comment réagir. Il y'a trop d'informations d'un coup, je n'arrive pas à bien assimiler tout ça.

Moi : Pourquoi n'avez-vous pas été voir la police afin

de la faire enfermer ?

Elle : Je vous l'ai dit, elle a disparue depuis ce temps. Mais je suis quand même aller déposer une copie de ces informations chez la police et si vous acceptez de vous joindre à moi nous pourrons la faire arrêter. Les femmes des deux hommes mariés qu'elle avait arrachées sont prêtes à témoigner.

Moi : Qu'attendez-vous de moi au juste ?

Elle : Que vous retrouvez votre mari pour qu'on sache où elle est.

Moi : Ça fait des années qu'ils ont disparus je ne sais pas où ils sont et aucune de mes connaissances n'a de leurs nouvelles.

Elle : Mais vous le connaissez bien, vous avez été mariée à lui pendant plusieurs années. Vous n'avez pas connaissance d'une de ses propriétés quelques part dans le monde ?

Moi : Peter n'est pas du genre à acheter ou construire une maison, il préfère louer. Celle où on a habité était de moi et j'ai appris qu'il l’a quitté un mois après moi.

Elle : Un endroit Où il avait envie de vivre alors ?

Moi : Non ! J'suis désolée.

Elle : Ce n'est pas grave.

Moi : Mais laissez votre carte à la secrétaire, on va vous appeler quand on aura des nouvelles.

Elle : Merci beaucoup.

Moi : C'est moi qui vous remercie.

Je rentre chez moi directement après elle. J'avais plus la force travailler et j'avais besoin de réfléchir à ce que je dois faire. Je demande à Sally de s'occuper de mes rendez-vous de la journée avant de rentrer. Ma nouvelle demeure est un peu plus loin de l'agence. Après que Karim soit marié y'a deux ans, j'ai acheté une nouvelle maison où mes enfants et moi avons repris une nouvelle vie. Crystal est en première année dans une fac de sport où il joue au basket. Il a maintenant 17ans, les jumelles 14, Hayden 9 et Raïna la petite dernière en a 3 et demi, je lui ai donné le prénom de la mère de Peter. J'suis une femme de 35ans qui vit seule avec ses 5 enfants mais J'suis heureuse malgré tout.

Je ne suis même pas encore entrée dans le salon que j'entends déjà des cris. Ils sont en vacances et c'est vraiment difficile de les faire taire, il n'y que

Crystal qui sait le faire. Il doit être sorti pour qu'ils soient aussi bruyants dedans. J'ouvre à peine la porte qu'une chevelure abondante me tombe dans les bras suivit de près par un petit homme. Les jumelles déboulent ensuite dans le salon et les deux petits vont se cachés derrière moi. Okay je vois !

Peace : Venez par ici les petits morveux

Pearl : Vous croyez pourvoir encore y échapper cette fois ci ?

Moi : Okay les filles on se calme. Qu'est-ce qu'ils ont encore fait ?

Pearl : Maman ne te mêle pas de ça cette fois ci.

Peace : Oui, ils vont encore te faire des yeux doux et tu vas te pencher en leurs faveur.

Cryst : Salut tout le monde.... Il y a encore quoi ici ?

Moi : Ah ! Le papa de la maison est de retour. Chéri je te laisse gérer ça. Moi je vais aller dans ma chambre. A ce qu'il paraît je suis vulnérable aux charmes de certains.

J'entends les petits se confondre à des excuses pendant que je monte dans ma chambre. Je me mets en tenue de maison et prend mon téléphone dans mon sac avant de m'asseoir sur le lit et de lancer le numéro de ma belle-mère, enfin... ex belle-mère.

Elle : Allô ?

Moi : Salut Néné (mes enfants l'appellent comme ça et j'ai pris l'habitude)

Elle : Ma fille tu vas bien ?

Moi : Oui Néné et toi ?

Elle : Ça va ça va. Et mon homonyme ? Elle continue de faire la misère aux jumelles avec son fidèle associé Hayden ?

Moi : Toujours oui ! Actuellement même Cryst est entrain de régler un nouveau problème.

Elle : Une sacrée bonne femme elle sera cette fille. Comme sa Néné.

Moi : Ouais. En fait, j'aimerais qu'on parle de Peter.

Elle : Ma chérie, si seulement tu savais combien de fois ton beau-père et moi avions voulu en parler et nous excuser pour tout ce qu'il vous a fait à toi et aux gamins, mais on avait peurs d'ouvrir des blessures non guéries. Pendant les deux mois que je suis venu passer à la maison j'ai cherché en vain les mots ou le moyen pour m'excuser mais je n'en ai jamais trouvé. J'suis désolée Habib.

Moi : Ne t'inquiète pas Néné. Tu n'as pas à t'excuser, vous n'avez rien à vous faire pardonner. Je te promets qu'on va en parler calmement quand je vais amener les enfants pour la fête de fin d'année. Mais je veux savoir si tu es toujours en contact avec lui. Est ce qu'il t'a appelé depuis ?

Elle : Non jamais ! Et quand on l'appelle il rejette l'appel. Il ne nous a jamais décroché mais je sais qu'il utilise toujours ce numéro. Pourquoi ?

Moi : Je voudrais savoir comment il va. Tu sais, c'est toujours le père de mes enfants.

Elle : Oui oui, je comprends. Et ça me fait vraiment plaisir que tu veuilles avoir de ses nouvelles. Appel Le.

Moi : Non Néné.

Elle : S'il te plaît ! Je sais qu'il va te répondre. Je sais qu'il va le faire parce que tu es la seule fille qu'il n'a vraiment jamais aimée. C'est difficile à croire mais je te jure hobi, tu es la seule femme qui a eu son cœur alors s'il voit ton appel, il va le prendre.

Moi : D'accord. Je vais le faire alors. Salue pépé pour moi

Elle : Je ne manquerai pas. Salut les enfants et n'oublie pas de me donner des nouvelles.

Je reste un moment à réfléchir mon téléphone en mains sans savoir si je dois lancer cet appel ou pas. Je relis le numéro plusieurs fois comme pour m'assurer que c'est le bon alors qu'il est enregistré dans mon téléphone depuis des années. Je fixe le téléphone dans ma main pendant environ 10mimutes et je lance l'appel. J'entends sonner pendant 40s avant qu'on ne décroche. Le battement de mon cœur accéléra d'un coup et j'ai voulu raccrocher mais je ne l'ai pas fait. J'entendais le souffle de la personne à l'autre bout du fil mais rien d'autres. Le silence des deux côtés reignat pendant encore une minute avant que je ne décide de le rompre.

Moi : Allô ? Peter ?

...:. Joy ?

Bien que je reconnaisse sa voix elle n'a rien n'à avoir avec celle que je connais. Je ne sais pas, quelques choses manque à cette voix pourtant je sais que c'est bien Peter à l'autre bout du fil.

Lui : Il faut que je te voie. On peut se voir s'il te plaît ?

Je m'attendais à tout sauf à ça. Qu'est ce qui est entrain de se passer ? Je ne comprends plus rien.

Moi : Oui... bien-sûr. Tu es où ? Demain je...

Lui : Non pas demain. Maintenant ! Je suis dans notre ancienne maison. Tu peux venir me rejoindre s'il te plaît ?

Alors là je n'y crois pas. Pourquoi il veut qu'on se voie tout de suite ? Et pourquoi il est dans notre ancienne maison ? Il y'a deux mois seulement j'ai pris par là et j'ai vu un panneau "à vendre" dessus. Pourquoi il me supplie ? J'ai besoin de savoir ce qui ne va pas.

Je raccroche en vitesse et me rhabille, je descends prendre mes clés au salon et avant d'entrer dans la voiture Cryst vient me rejoindre.

Lui : Ça ne va pas maman ? Tu vas où ?

Moi : Je n'ai pas le temps de t'expliquer. Faut que j'y aille, prends soins de tes frères et à mon retour on va en discuter.

Lui : D'accord. Mais fais attention s'il te plaît

Moi : Oui t'inquiète pas.

Il me fait un bisou sur le front et je me mets en route. Je conduis pendant un quart d'heure et j'arrive devant mon ancienne demeure. La pancarte "à vendre" est toujours là et une silhouette était assis contre le portail. Je me gare en face de la maison et sort de la voiture. La silhouette se lève et marche pour me rencontrer et j'ai du mal à le reconnaître. Il avait considérablement maigri et ne ressemblait à rien, sa barbe a beaucoup poussé et ses cheveux aussi. Ses yeux étaient tout rouge et n'avaient rien de vivant. J'ai du mal à croire que c'est celui que je suis venu voir pourtant arrivé à son niveau il m'a appelé par mon prénom et eu le visage du père de mes enfants. Ses lèvres étaient sèche et il tenait à peine debout, ses mains et ses pieds tremblaient. Il était blanc comme s'il n'avait pas de sang en lui. C'est quoi cette histoire mon Dieu ?

Je l'invite à s'asseoir dans la voiture pour qu'on puisse parler et il me suit sans rien dire. Une fois installé, il boit tout mon eau minérale et me regarde droit dans les yeux.

Lui : Comment tu vas ?

Moi : Toi comment tu vas ?

Lui : Je crois que je vais bien.

Moi : Bien ?

Il ne dit rien et regarde la maison devant nous, celle où on avait vécu.

Lui : Ça fait plus d'une semaine que je viens m'assois devant cette maison. Je viens le matin et je rentre à l'hôtel quand la nuit tombe complètement.

Moi : Qu'est ce qui t'ai arrivé ?

Lui : Je n'en sais rien.

Moi : Tu n'en sais rien ? Tu n'as plus que la chaire sur les os.

Lui : Oh ça ? C'est à cause de la drogue Je crois. Je suis tombé dedans y'a un bon moment mais je compte arrêter.

Moi : Pourquoi ? Pourquoi tu es tombé dans la drogue ? Qu'est ce qui a bien pu arriver dans ta vie à ce point ?

Lui : Je n'arrêtais pas de faire des rêves sur cet endroit et d'une vie là dans. Donc ça a été notre foyer ?

Moi : Tu ne te souviens de rien ?

Il n'a toujours pas arrêté de regarder la maison, comme s'il voulait se souvenir de tout juste en la regardant.

Lui : Tu as été ma femme ? On a vécu ici pendant combien d'années ? On a vraiment quatre enfants ? Deux garçons et des jumelles ? Pourquoi on s'est séparés ?

Je le regarde me poser des tas de questions et je n'arrive pas à croire qu'il ne se souvienne pas de nos 12 années de mariage. J'aimerais pouvoir croire qu'il joue avec moi mais il a l'air de tellement souffrir de ne pas pouvoir se rappeler qu'il me fait pitié. Je pose ma main sur son bras et il se retourne vers moi.

Moi : Dis-moi comment les rêves ont commencé, raconte-moi tout et à mon tour je répondrai à toutes tes questions.

Lui : Ça à commencer à la mort de ma femme, enfin, celle que j'ai toujours cru être ma femme. Je me suis endormie un jour et j'ai rêvé de cette maison, je me suis vu y vivre avec toi et quatre enfants. On avait l'air joyeux et j'étais heureux contrairement à la réalité où mon foyer n'a été que tourments et souffrance. Ma femme Erlie était une femme très dépensière. Elle veut toujours les dernières nouveautés, les habits de modes, les sacs chères, les voyages coûteux chaque semaine. On n'avait pas de maison fixe parce-que chaque semaine on allait vers une nouvelle destination. Je ne travaillais pas mais j'avais assez d'argent, je ne sais pas comment je les ai eus. Ma femme aussi était riche mais elle non plus ne travaillais pas. Elle était en proie à son désir de luxe et ne s'occupait pas de moi. Je me souviens qu'elle avait été enceinte mais après le ventre à disparue et elle m'a dit qu'elle avait fait une fausse couche mais en réalité elle n'a jamais été enceinte, apparemment elle était stérile. La nuit après sa mort j'ai commencé à avoir ses rêves, je me réveillais en pleine nuit et n'arrivais plus à dormir. Un ami m'a proposé de la drogue et c'est comme ça que j'en suis devenu accro. Pourtant les rêves n'ont pas cessé, mais je dormais mieux après. Il y'a un mois j'ai décidé de venir voir si cette maison existait. Quand je suis arrivé je l'ai vu exactement comme elle était dans mes rêves. C'était incroyable mais elle n'était pas habitée. Alors j'ai décidé de chercher l'existence de cette famille qui vivait avec moi dans mes rêves mais je ne savais pas par où commencer. J'ai appelé le numéro sur la pancarte et on m'a dit que cette maison avait été mise en vente par moi y'a quelques années mais on ne me retrouvait pas pour signer les papiers alors elle n'a jamais été acheté. J'ai donc commencé à venir ici chaque jour. J'ai même rencontré quelqu'un qui me connaissais et m'avait reconnu. Quand je lui ai parlé de mon problème il m'a amené voir une personne qui m'a fait des révélations terrifiantes sur ma défunte femme. Elle aurait offert son utérus en sacrifice, c'est pour ça qu'elle est stérile. En contrepartie tous les hommes avec qui elle couchait devenaient automatique son esclave. Ils feraient tout ce qu'elle leurs dirait. Cette personne m'apprit que j'avais trompé ma femme avec elle, c'est comme ça que je me suis retrouvé marié avec elle et c'est sa mort qui m'avait libérée de son esclavage. Elle m'a aussi dit que mes rêves étaient des flashs de ma vie passée. J'ai voulu te retrouver mais je ne savais par où commencer. Et quand j'ai vu ton appel et ton nom écrit j'ai été très surpris. Je ne savais même pas que j'avais ton numéro.

Je l'ai écouté sans rien dire et je ne pouvais empêcher mes larmes de couler. Je me ressaisie et essuya toutes mes larmes avant de lui expliquer tout ce qu'il avait envie de savoir sur sa vie passée. Il s'est mis à s'excuser et à vouloir voir ses enfants mais je lui ai dit qu'il fallait qu'on y aille pas à pas. Pour l'instant il fallait qu'il aille se faire soigner, qu'il aille dans un centre de désintoxication et après on verra. Il a accepté et a dit qu'il avait déjà été inscrit et qu'il devrait se rendre dans quelques temps. Je l'ai ramené à son hôtel et je suis rentrée chez moi.

Il faisait vraiment très nuit et mes enfants dormaient déjà sauf Crystal qui m'attendait sur le canapé au salon.

Lui : Enfin ! J'étais mort d'inquiétude, tu ne répondais même pas.

Moi : Désolé, j'avais besoin de ne pas être dérangée alors j'ai mis le téléphone sur silencieux.

Lui : D'accord. Vas-y assis toi, je vais t'apporter ton dîné.

Il se lève mais je le retiens par le bras.

Moi : Attends une minute, il faut que je te parle.

Lui : Ça peut attendre non ? Il faut que tu manges.

Moi : Viens là !

Il s'approche et s'assoit à côté de moi le regard plein d'inquiétude.

Moi : J'aimerais qu'on parle d'une chose très importante. Ça concerne ton père

Il voulut parler mais je l'arrête toute suite.

Moi : Écoute-moi d'abord, après tu pourras dire que tu veux. Tu es le grand frère de la maison, je voudrais que tu décides ou non si tu vas reparler de tout ça ou pas avec tes frères. Je suis allée voir ton père tout à l'heure et il n'a rien de l'homme que tu as toujours connu.

Son visage fut traversé par différentes émotions pendant que je lui racontais tout ce que j'avais appris ce soir. Quand j'eus fini il ne dit rien pendant quelques minutes la tête baissée avant de le levé vers moi.

Lui : Peut-être qu'il a été sous l'emprise de l'autre mais il t'a délibérément trompé pendant qu'il était lui-même. Ton dîné est dans la cuisine. Bonne nuit maman.

Il me fait un bisou sur le haut de la tête et alla se coucher. Je sais qu'il le prend mal mais je le comprends. Il lui faut juste du temps et je lui fais confiance pour prendre la bonne décision.

J'appelle Saly pour avoir le numéro de Mme RACIA et je lui téléphone pour l'informer de la mort de celle qu'elle voulait traduire en justice. Elle m'encouragea un moment à propos de Peter avant de raccrocher. Je voulu appeler Néné mais je sais qu'elle sera mal en voyant l'état de son fils. Il vaut mieux ne rien lui dire pour l'instant.

Deux ans maintenant que j'ai repris contact avec mon ex-mari. Il s'est fait soigner et vs beaucoup mieux. Il a vu un psychologue qui l'a aidé avec son problème de mémoire et tout est revenu en ordre dans sa vie. Cryst a attendu un an avant de se décider à mettre ses frères au courant. J'ai fait pareil avec Néné et Pépé. Ils sont allés le voir et je crois que tout va mieux entre eux. Mes parents à moi ne veulent plus entendre parler de lui même s'ils lui ont pardonnés. Crystal a été pris dans une équipe professionnelle et n'est plus beaucoup présent à la maison. Il voyage pour les tournois comme présentement et rentre dans la journée. Peter à voulut reprendre contact avec ses enfants mais il n'y a que Hayden qui a accepté y aller. Les jumelles attendent de savoir ce que ferait leurs aînés avant d'y aller même si elles en meurent d'envie. Je n'ai pas encore dit à Peter que j'avais eu un autre enfant donc Raïna n'y est pas allé.

Quand Cryst est revenu et que Hayden lui a raconté qu'il a visité son père il n'était pas content. Il lui a juste fait un sourire est en entré dans sa chambre. Je décide de le suivre pour parler calmement. Je toque et entre quand il me dit de le faire.

Moi : Ça a été ?

Lui : Ouais on a eu la coupe. Je ne comprends pas pourquoi tu l'as envoyé le voir.

Moi : Il veut reprendre contact avec ses enfants.

Lui : T'as oublié l'épisode où il a clamé devant des milliers de personnes que c'est un bâtard ?

Moi : C'est derrière nous maintenant et il n'était pas lui-même.

Lui : On va tout mettre sur le dos de la sorcellerie et faire comme si rien n'a jamais changé ? Tu vas te remettre avec lui et on ira dans notre ancienne maison et faire comme si ces 6 années n'ont pas existé ?

Moi : Mais non voyons. Ce n'est pas ce que je veux. Je te demande juste de le pardonner et d'oublier le passé. C'est ce que je t'ai toujours appris.

Lui : Oui mais j'ai grandi et ce passé-là est vraiment douloureux et difficile à oublier. Je ne veux pas qu'il refasse parti de nos vies. On va très bien sans lui.

Moi : Reconnais au moins sa position de père. Et

permet lui d'essayer de jouer ce rôle.

Lui : Tu sais très bien que je n'ai plus besoin d'un père. J'ai 19ans et je suis un bon garçon parce que ma mère m'a très bien élevé.

Moi : Tu penses aux jumelles ? Elles ont envie de le voir et Raïna ne tient plus en place depuis qu'elle a appris qu'elle avait un papa.

Lui : Pourquoi elles n'y sont pas allées avec Hayden ?

Moi : Tu les connais, tu es leurs modèles et elles connaissent ta position par rapport à cette histoire. Elles te suivront peu importe ta décision alors pense à ce qui est bien pour elles. Je vais faire le déjeuner, rejoint moi en cuisine.

Lui : D'accord je viens.

Après le déjeuner Crystal alla faire des paniers avec Hayden et je suis sûre que c'est pour parler de Peter. Je sais qu'il a aussi envie de le revoir mais il a trop de fierté pour l'admettre. C'est typiquement le caractère de son père, ils se ressemblent tellement mais que Crystal est adulte...

Hay : Maman ?!

Lui il reste toujours fidèle à lui-même. Malgré ses 11ans il reste le petit garçon plein d'énergie qui parle beaucoup et qui embête ses sœurs. Il a un allié maintenant, la petite dernière.

Moi : Trésor je suis dans la buanderie.

Je l'entends courir depuis le salon malgré les réprimandes de Pearl qui aidait Raïna à faire ses devoirs. Il déboule dans la buanderie et manque de tomber.

Moi : Fais un peu plus attention jeune homme.

Lui : Cryst demande s'il peut nous amener tous voir papa avec ta voiture.

Il n'arrêtait pas de sauter partout et de gesticuler. Je lui réponds que oui et il voulait courir l'annoncer aux autres mais je l'attrape par l'avant-bras.

Moi : Attends un peu ! Dis-moi comment ça a été la dernière fois.

Lui : Euh... ! Il m'a dit qu'il était désolé d'avoir été méchant avec moi. Je lui ai dit que s'il voulait bien redevenir mon papa alors je lui pardonnais tout. Il a dit qu'il était très honoré et fier d'être mon papa alors je lui ai dit que moi aussi j'étais fière d'être son fils et que je l'aimais beaucoup. On est ensuite aller faire les boutiques et on a mangé une glace avant d'aller au parc.

Moi : Et tu as dit tout ça à Crystal ?

Lui : Oui mais avec beaucoup plus de détails. Lui il veut toujours s'assurer qu'il n'y a pas eu de problème

Moi : Tu as parlé de Raïna ?

Lui : Oui, et il m'a demandé si on avait eu un autre papa mais je lui ai dit que non. Qu'on a vécu que chez oncle Karim mais que maintenant il a une femme et un bébé. C'est bonne maman on peut partir ?

Moi : Oui. Va prévenir les filles pendant que je parle à Crystal.

Lui : D'accord maman. Il est dans sa chambre.

Moi : Hé ! T'as oublié mon bisou.

Lui : *couac* je t'aime.

Il courut avant que je ne lui réponde « moi aussi mon cœur. « J'adore son trop d'énergie et sa bonne humeur qui ne le quitte jamais.

Je rejoins Cryst dans sa chambre et il était déjà

prêt.

Moi : Tu amènes Raïna avec vous ?

Lui : Oui, vu que notre petit moulin lui a déjà parlé d'elle.

Moi : C'est vrai ! Elle sera trop contente.

Lui : Dommage que je ne puisse voir sa bouille adorable quand elle le verra.

Moi : Comment ? Tu ne restes pas avec eux ?

Lui : Non ! Je veux juste le voir, de loin me suffira.

Je ne peux le forcer. C'est déjà bien qu'il veuille le voir et lui amener ses frères. Raïna c'est la prunelle de ses yeux donc qu'il veuille l'amener aussi est un très grand pas.

Les enfants sont allés voir leurs pères deux fois par semaine pendant tout le reste de l'année. Crystal lui se contente de les amener, rester dans la voiture et voir son père quand il ouvre aux autres et de revenir à la maison. Il se débrouille aussi pour ne pas être là quand Peter les ramène.

Cryst : Je vais faire quelques paniers en bas.

Moi : Dis plutôt que c'est l'heure que ton père vient et tu essaies de l'éviter.

Cryst : Même pas !

Je voulu lui répondre mais on sonna à la porte. Le temps que j'aille ouvrir, Cryst disparaît. Je ne peux m'empêcher de sourire. Raïna me tombe dessus quand j'ouvre la porte et les autres rentrèrent à l'intérieur. Peter avait très bonne mine, on ne soupçonnerait pas sa période junkie.

Moi : Tu veux entrer un moment ?

Lui : Oui, si ça ne te dérange pas.

Moi : Vas-y entre. Installe-toi sur le canapé, je vais te chercher à boire.

Je lui apporte un verre d'eau et il le boit. Pendant que je vais déposer le verre à la cuisine, Raïna saute sur lui et lui prends son téléphone pour jouer.

Moi : Raï chérie, tu veux viens aller jouer avec Hay stp ?

Elle : Oui.

Moi : Et pas de coups foireux aux jumelles.

Elle : Je ne promets rien.

Elle s'en alla dans remettre le téléphone de son père. Celui-ci ne semble pas vouloir le récupérer.

Moi : Comment tu vas ?

Lui : Bien et toi ?

Moi : Ça va.

Lui : Merci Joy .

Moi : Pourquoi ?

Lui : Pour tout. Pour les enfants, pour m'avoir aidé à aller mieux.

Moi : C'est normal, c'est moi qui l'ai fait entrer dans nos vies.

Lui : Mais pas dans mon lit. Ça je l'ai fait tout seul et je suis vraiment désolé.

Moi : Ne t'inquiète pas.

Lui : Je ne sais vraiment pas comment te remercier. J'aimerais revoir tes parents s'il te plaît.

Moi : Il n'y a pas de soucis. Ils n'ont pas changé d'adresse, tu peux aller les voir quand tu peux.

Lui : D'accord.

Moi : Tu fais quoi maintenant ? Ton agent a dit que tu refusais touj ours de reprendre la musique.

Lui : Oui. Je veux me lancer dans autre chose et j e veux que tu m'accompagnes dessus. Avant de mourir, Erlie a laissé une lettre chez son notaire où elle demandait pardon pour tout le mal qu'elle a fait au cours de sa vie. Elle m'a designer comme propriétaire de ses avoirs et j e veux utiliser cet argent pour la bonne cause. Je sais que la cause des orphelins te tiens à cœur alors j e veux que tu m'aides à utiliser cet argent pour cette cause.

Je le regarde sans rien dire et j 'ai l'impression de retrouver l'homme que j 'ai épouser. Celui qui se battait pour les mêmes causes que moi, qui faisaient des dons aux orphelinats et aux hôpitaux. Celui qui utilisait son argent pour aider ceux qui sont dans le besoin, qui disait touj ours aux enfants que "le partage c'est la vie", que si Dieu nous en a donné à nous c'est pour qu'en retour on en donne à ceux qui n'en ont pas... c'est cet homme-là que j 'ai aimé et épouser et c'est cet homme-là qui est assis à côté de moi.

Je me rapproche de lui et pose mes lèvres sur les siennes. Il paraissait surpris au début mais répond quand même à mon baisé.

... : C'est quoi ça ?

Je m'éloigne rapidement de Peter avant de tomber sur un Cryst très en colère. J'ai l'impression d'être une enfant surprise entrain de faire une bêtise qui va se faire gronder par son père. Je ne dis rien mais n'écoute pas non plus ce que Peter et Crystal se disaient. Je sais juste que mon fils est très énervé et que son père n'arrange rien en lui parlant comme à un gamin et en essayant de jouer sur la carte de père. Crystal fini par sortir et claquer la porte très forte pour montrer son mécontentement.

Peter : Mais c'est quoi son problème à la fin ?

Moi : Tu sais, si je devais choisir entre lui et toi je n'hésiterais pas une seconde.

Peter : Je suis censé comprendre quoi par-là ?

Moi : Je te préviens juste. Si tu veux que ça évolue entre vous c'est à toi de te débrouiller. C'est toi qui l'as laissé tomber, c'est toi qui es en tort et ce n'est plus le petit garçon de l'époque. Il a grandi et c'était sans toi. Il fait des efforts à toi d'en faire plus que lui. S'il l'avait voulu il t'aurait empêché de voir les filles, surtout Raïna, mais il ne l'a pas fait. Je ne sais pas comment tu le feras mais débrouille toi pour arranger les choses avec lui. Parle lui comme à un homme parce que c'est ce qu'il est. Il l'a été pour ses frères et surtout pour la dernière. Si un jour je devais choisir entre vous je te le répète, c'est lui que je choisirais. Et ça n'a rien à avoir avec ce qui s'est passé entre nous. Lui c'est mon fils, t'as aussi une mère qui te choisirais toi si elle se retrouvait à ma place. Si je ne choisis pas mon fils, qui va le faire ? Mais tout contre fait je n'ai pas envie d'en arriver là alors réglez vos problèmes d'homme à homme. T'es le plus âgé et le fautif alors c'est à toi de caser ta fierté et de caresser celui de ton fils.

2ANS PLUS TARD

Ma vie est redevenue normale, pleine de bonheur. Crystal et son père ont régler leurs différends. Ça n'a pas été facile mais ils y sont arrivés. Peter est allé redemander ma main chez mes parents et ils ont accepté après plusieurs mois de refus. Il a payé la dote que mon père a rendu difficile et on a refait le mariage civil et religieux. Mon mari à construire des orphelinats, des hôpitaux et écoles gratuit pour les démunis, un centre d'accueil des personnes défavorisées (ils sont logés, nourrit et apprennent un métier de leurs choix). La fondation de Peter porte le nom d'Hayden qui était très content qu'il l'a appris. Il a fait venir tous ses amis pour qu'ils le voient de leurs propres yeux et quand il rencontre quelqu'un en route il lui dit : "vous connaissez la fondation *Hayden Morgan*? C'est celui de mon père et c'est moi Hayden Morgan". Crystal a retrouvé son héros, son père, il a même arrêté de jouer pour travailler avec lui. Il se sont inscrits ensemble à un petit club de la ville où ils vont jouer chaque weekend accompagné de Karim et de leurs autres amis. Les jumelles veulent travailler à l'agence avec moi, Hayden lui s'intéresse plus à l'entreprise de fabrication de panneau de mon père et Raïna elle se contente de ses études pour l'instant. Je suis une femme comblée et une mère heureuse. J'ai une famille qui fait rêver et pour rien au monde je ne changerai notre vécu. Qui a dit que le vrai bonheur n'existait pas ? Dîtes lui que je l'ai trouvé dans mon mariage.

Auteur : Idrissou SAADOU

Auteur : Idrissou SAADOU

Ma Vie D'Enfance

Ma vie d'enfance est l'histoire d'un jeune garçon au nom GBEMEHO. Il nous faire vivre sa vie depuis son enfance à l'âge adulte. Découvrons ce que GBEMEHO a à nous dire.

Auteur : Idrissou SAADOU

Aussi longtemps Que les jours se lèvent et que les nuits descendent, chacun de nous laisse derrière lui des histoires fantastiques, superbes et que dis-je héroïques. C'est très important que nous nous souvenons de notre propre histoire.

Ce jour, ce jour-là, ce jour qui allait permettre à mon père et mère de s'unis pour toujours et pour la vie était un jour qui allait changer la vie de cette belle et créature ravissante jeune fille. Mais il est vrai que vraiment l'amour ne connait pas d'âge, quand elle vous prend, c'est jusqu'à la mort. Au fruit de cet amour qui allait naitre se trouve d'énormes difficultés puis que son père allait s'interposer à leurs unions parce qu'une jeune fille du même village que lui, lui a été promise en mariage avant qu'il ne rencontre ma mère. Il commença à se poser un tas de questions. Comment il faut faire maintenant, comment lui dire, comment lui faire comprendre à son père qu'il ne pourra plus épouser la fille du même village que lui sans pouvoir attirer sa colère ? Puis que la sagesse ne se crée pas mais se construit, il finira par trouver un moyen de se libérer de cette fille du même village que lui.

Les jours se levaient, les nuits tombaient, des semaines naitraient, des mois mouraient et des années passaient. Un an après, la famille va apprendre la nouvelle et c'est le début de la souffrance. C'est le début du désastre. C'est le début des guerres du cœur car la famille n'acceptera pas la nouvelle et lui non plus n'acceptera pas l'ancienne fille et c'est la guerre des aberrations. Sa famille ne veut pas accepter la nouvelle sous prétexte qu'elle est chrétienne. Mais comme en amour il faut supporter, elle va accepter se convertir en islam pour la flamme de l'amour qui les lies. Quand bien même que la famille n'est pas contente, le mariage fut célébré et la nouvelle femme va s'installer chez son mari, dans sa nouvelle demeure. Mais comme on ne sait jamais ce que le futur peut nous réserver, elle est venue dans la souffrance à telle enseigne qu'avant de se nourrir, il faut mendier si bien que sa belle est famille est là et étais d'ailleurs la famille le plus aisé de leurs villages. Tout ceci va se passer en l'absence de son mari qui est allé en ville afin de se faire de l'argent pour nourrir sa famille. En ville tellement c'est dur pour lui qu'il n'envoie que de petite somme à sa femme pour subvenir à ses besoins pléniers. A la veille des fêtes de tabaski mon grand-père étant un grand commerçant de pagne, offre à chacune de ses belles filles trois pièces de pagne mais à l'exception de ma mère parce qu'il n'était pas d'avis à ce que mon père épouse ma mère. Le pire de tout cela c'est qu'elle n'arrive pas à manger à sa faim et bon gré mal gré, je suis née dans cette souffrance de misère, de catastrophe. Quelle abomination ? Et même avant que je ne sois née, J'ai passé onze mois dans le ventre de la pauvre au lieu de neuf habituellement.

Je me demande qu'a-t-elle faire pour mériter cette vie de misère, d'intolérance, d'inhumain ? Qui aime bien châtie bien mais cette chatiellement est déjà trop de la part de Dieu. Plus je grandissais plus je me rendais compte de la souffrance de ma mère. Si bien que je ne m'y connais pas en ce qui concerne la vie, je la demandais d'être courageuse et battante. Quant à moi-même, j'étais aimé par tous y compris mes grands-parents. Mais le jour arriva où je refusai de ne plus s'approcher de qui se soit si ma mère doit continuer à se faire traiter ainsi. De l'accoutumer on dit que le bienfait n'est jamais perdu. Un jour arriva où ma mère doit une somme de deux mille Francs et parce qu'elle est venue manquer son argent elle a donc décidé d'amener avec elle toute les bassines de ma pauvre mère. Tout ceci se passait devant mes grands-parents et ceux-ci ont refusé de réagir face à cette situation jusqu'à ce que c'est l'une de mes tantes qui aimait ma mère au détriment des autres qui est arriver et puis a payé cette somme de deux mille franc afin de lui reprendre ses bassines à ma mère. En tant qu'un enfant je pouvais à peine savoir ce qui se passe autour de moi. Le jour où la vie va commencer à la sourire un peu, près que tous les écoliers, élèves, oncles, tantes, etc. venait manger chez elle. Elle est devenue ainsi le plus aimé de tous. Trois ans après que je ne sois née, elle tomba encore enceinte dans ce maudit village mais pour cette fois ci, elle n'aura plus assez de difficultés à accoucher et à la naissance, l'enfant fut une fille.

Pendant la grossesse, elle venait en ville pour acheter des provisions qu'elle allait revendre au village. Le jour de la naissance de ma sœur, comme d'habitude, elle s'est préparée pour se rendre à la ville pour faire des achats. Malheureusement pour elle, elle à commencer à sentir des malaises mais la prenait à la légère car pour elle ça va passer. La douleur persista au point où ma grand-mère lui interdit de se rendre en ville ou encore d'attendre jusqu'au lendemain pour voir si le malaise va cesser comme ça elle pourra s'y rendre

Plus elle patientait plus la douleur augmentait jusqu'au point où maintenant ça devient rigoureuse la douleur et ils ont finir par décidé à l'amener à l'hôpital. Une fois arriver, les médecins ont dire que c'est l'heure pour elle de faire naitre son enfant donc dans l'intervalle de quelques heures, ma petite sœur est venue au monde. Elle n'a plus eu assez de difficultés à mettre son deuxième enfant au monde. Après le baptême islamique, elle a donc songé rejoignit la ville.

La ville, la ville où personne ne connait personne, la ville où personne ne se préoccupe de son prochain, la ville où avant de manger il faut beaucoup d'amertume, la ville où tout semble être contre vous, la ville où se trouve toute sorte de corruption, de mésentente et de médisance. Une fois en ville, un problème majeur s'y oppose et c'est logement. On oublie qu'en ville pour se loger, se nourrir et se vêtir, ce n'est pas la joie au cœur. C'est plutôt mieux que de vivre parmi des gens qui ne vous connaissent que de vivre avec des gens qui malgré son vos familles mais ne vous aimes pas. Le bon dans cette affaire de ville est qu'elle est un halitueuse puis qu'elle venait dans sa jeunesse payer des pagnes qu'elle allait revendre pour sa patronne.

De jour en jour, de nuit en nuit, de mois en mois et d'année en année, espérant que ça changera un jour la misère cohabitait toujours avec nous toujours. Le malheureux, ne conduisait que de zem dans le temps afin de subvenir aux besoins de sa petite famille avec des mois de loyer en permanence qu'il faut rembourser. Ce qui a été malheureux pour moi c'est que dans le temps avant de commencer l'école, il faudra attraper l'oreille en passant la main par-dessus la tête. Alors j'avais sept ans avant de commencer l'école. C'est-à-dire que je n'avais pas la chance de vite commencer l'école comme de l'accoutumé aujourd'hui. Dans le temps mon père était un homme méchant qui ne pardonnait pas la moindre erreur. Donc dans cette pauvreté, j'ai commencé l'école et lorsque j'ai commencé, il me faut reprendre la classe que j'ai fini de faire sous prétexte je n'ai pas la main forte pour a classe supérieure. On vivait dans la souffrance mais on ne manquait pas de manger. Pendant tout ce temps, nous vivions dans un quartier au nom de tankpè. A cause des problèmes de loyer, nous devrions libérer la chambre pour d'autre. Et puis nous avons déménagé de tankpè pour Maria Gléta et difficilement, il faut tout de bon ou mal faire deux kilomètre pour rejoignit l'école et tout ceci à pied sans petit déjeuner en plus et puis il faudra revenir à la maison à midi manger et repartir à 14h heures. Il fut un temps où tout cela m'as principalement caduqueé mais que puis-je faire contre ? Dans cette pauvreté avant même de venir s'installer à maria Gléta, j'eu encore une nouvelle sœur et un frère cadet. A Maria-Gléta, notre cadet a une maladie qui a couté des fortunes avant sa guérison. A cause de la maladie de mon frère, ma mère est devenu un squelette debout on dirait un mort vivant. Après avoir passé quelques années à Maria-Gléta, nous somme partir s'installer à cocotomey.

Cocotomey est un quartier de ville de Benin qui pour nous va être un empire où il faut se soumettre au roi avant où même encore se soumettre pour avoir la vie sauve. En ce temps, je ne suis qu'au CE2. Malgré les souffrances, il faisait tous pour notre cursus scolaire et je m'étayais pour réussir afin de ne pas Gachet l'argent ou encore jeter l'argent de mes parents par la fenêtre. Un an, deux ans après c'est la dispute avec le proprio pour le loyer et comme je l'avais dit, il faut s'humilier pour avoir la vie sauve tout comme on dit chez nous communément seule celui-là qui a de la mais moulé est le patron de la pâte donc on suppliait a genou pour rester encore un peu plus. Alors qu'un soir au entourage de 21h, le propriétaire vient nous arracher la porte de l'entré et avant d'aller au lit le soir, il faille que nous fermions la porte avec des tables, chaises mais malgré cela une nuit un voleur est venir nous volé. Dans le temps, elle faisait l'amuse-gueule que nous appelions communément « ATCHOMON ». À cause du soleil et de la chaleur, femme de teint claire noir, noir comme un charbon. Plus les jours passaient plus elle souffrait mais nous par contre (les enfants) que savons nos de la pauvreté en ce temps puis que pour nous ni le manger, ni le petit déjeuner non plus ne doit manquer. Pendant un bon bout de temps, miraculeusement, mon père faire sortit une clé un de ces jours où ils ont encore commencé par se disputé avec le propriétaire soit disant que c'est la clé de la construction à eux et pour nous ce fut une joie pour nous les enfants car à la fin du mois, il n'y aura plus affaire de s'agenouer pour le loyer ou même de s'humilier pour rester dans la maison d'autrui.

La souffrance est un bon enseignant car celui qui n'a pas souffert ou vécu un moment de souffrance dans sa vie ne connaitra jamais les règles de la nature. Vulgaire serait le cas si la personne est née dans la richesse. Il faudra donc apprendre à souffrir afin de pouvoir respecter les règles de la nature. Prudencio a écrit dans ce sens que : « dans un ménage, on se ménage et que si l'un d'entre vous déménage, l'autre devra l'aménager et que votre ménage ne soit en aucun moment une ménagerie » ainsi va la vie. La richesse ainsi que la pauvreté se ménage et donne un sens à la vie. Une fois arrivé dans notre demeure, on dirait que c'est là que la vraie souffrance nous attendait. Au début on ne le sentait pas parce que le début de notre existence dans cette maison est comme si c'est à cet endroit-là que les parents deviendront riches ou encore allait s'enrichir. Evidemment tout allait à la perfection et on avait oublié un temps soit que nous avions été pauvre mais en ce temps j'étais passé de CE2 en CM1. Donc tout allait bien jusqu'au bon milieu de de l'année scolaire et la souffrance repris. La souffrance de cette fois ci est plus sérieuse que la souffrance qui cohabitait avec nous. C'est dans cette même souffrance que ma seconde sœur est tombée malade. Une maladie qui n'est pas prêt d'être guérir si tôt.

Une maladie qui va bouleverser la vie de deux individus qui difficilement arrive à nourrir leurs familles ; une maladie qui va demander des millions aux personnes qui n'y arrivent pas trouver dix mille franc par jour. Pendant ces jours, semaine, mois et années que la maladie durait, je me demandais où allaient-ils trouver cette somme de deux millions deux cent quatre-vingt-cinq mille six cent soixante-cinq FCFA ? Mais il est là et il va le faire. Je ne sais pas comment ils ont puis réunir cette somme mais ils ont puis quand même avoir cette somme pour payer juste un médicament qui n'atteint même pas une demie bouteille. Mais après avoir passé deux ans et six mois au CNHU, elle mourut encore. Hélas pourquoi cela doit-il encore arrivé après avoir dépensé une somme qui pour nous dans ce temps étais une fortune ?

Auteur : Idrissou SAADOU

Pourquoi le monde s'acharne-t-il contre nous malgré que nous n'ayons rien à se vêtir ? Malgré cette souffrance il te faut encore arracher ma petite sœur à mes parents pour tester leur foi en toi ? Qui de la vie d'aujourd'hui peut-il garder la foi et croire à l'existence de Dieu malgré que la vie lui est tourné le dos après tous ces années de tragédies ? Et avant même qu'elle ne meurt, elle hurla le nom d'une voisine avec laquelle on cohabite dans le quartier. Après sa mort tout est redevenu comme avant et avant de manger il faut s'humilier devant les riches avant d'avoir à manger. Il arrive des jours où du matin jusqu'au coucher, vous n'allez rien avaler. Le passer faire pleurer, le futur faire peur alors vivez le présent de votre vie afin que le monde n'en profite pas de vous mais que vous profitez plutôt de lui. Un proverbe indien dit : « quand vous êtes née, vous criez et le monde se réjouirent. Vivez pleinement votre vie comme ça quand vous allez mourir le monde va crier et vous, vous allez vous réjouir. » Cela veut dire en d'autre terme, de marqué votre présence sur cette terre comme ça le jour où vous allez mourir pour qu'ils puissent vous regretter. Si bien que la souffrance cohabitait avec nous, personne dans le quartier ne s'en doutait. Après sa mort, on a encore souffert pendant quatre bonne années lorsqu'un soir dans le rêve de ma mère un inconnu lui faire entendre que si réellement elle veut que sa condition de vie change, qu'elle devra donc abandonner la maison parce qu'il se pourrait que des choses ont été enterré dans la maison, dans notre propre maison.

La vie, O ! La vie c'était dire normalement que tu es belle et que tu es douce envers tout le monde. Mais pourquoi c'est à ma famille tu t'es acharner à châtié de la sorte ? Pourquoi m'as-tu fait ça à ma famille adorer ? On s'est étayer, nous somme étayer vivre malgré toute ces difficultés mais tu as été arrogante envers ma famille. On dit souvent qu'un arbre sans racine est un arbre mort mais la racine de ma famille était Dieu, celui en qui la confiance de toute ma famille en était. Un an après la mort de ma petite chérie sœur, on a donc dû quitter la maison pour repartir une fois encore dans la location. Pourquoi doit-on quitter notre propre maison pour une fois encore commencer par supplier le proprio afin de ne pas être chassé ? Mais au final toutes ces choses auxquelles je pensais ne s'est produit. Mais bien au contraire, c'est dans cette location que notre condition de vie allait prendre une nouvelle tournure. Dans cette location, ils ont donc du opté pour la politique. La politique ? Mais pourquoi ? Pour moi la politique est un phénomène qui embrouille la vie humaine. C'est une vie de pédigrée la vie politique. Tout ceci se passe dans la tribu de Godomey. Dans cette tribu de Godomey nous resservais plein de surprise sans qu'on ne se fût rendu compte. N'y va pas loin lecteur. Je parle de bien sure la souffrance. Cette option pour la politique qu'ils ont (mes parents) opté nous fera encore plus souffrir qu'on ne peut l'imaginer.

Cette politique, ennemie de l'humanité que tu sois, ruineux de vie que tu sois je te maudits. Le feu Mathieu KEREKOU un des vaillants hommes de notre très chère pays le Benin disait : « les intellectuels béninois sont tous des intellectuels tarer ». Pour moi c'est faux car les politiciens le sont plus car eux ils sont prêts à venir vous mentir, semé du vacarme entre les populations et dans la même journée, ils vont se rencontrer et si possible manger dans le même plat et nous qu'est-ce qu'on fait, au lieu de les oubliés on commence par se chamagné, se disputé si possible s'entre tuer.

Cette étape dans notre vie sera l'un des moments inoubliables dans ma vie. Ce phénomène au nom de politique allait permettre à ce que les parents grillent leurs arachides de nous (s'en fuir de nous) pendant des années. Parce qu'ils n'ont plus assez de temps à passer avec nous les enfants. Il arrive des fois où nous passons une journée et une nuit sans nos parents ; ils nous manquent à la maison. Ils ont taillé plus d'importance à la politique plus que nous leurs enfants mais ne sachant pas que quelque chose qui n'a pas de dent allait mordre vigoureusement. (C'est un proverbe africain qui veut dire que quelque chose de terrible les attendait). Au fur et à mesure que les années passaient, ils évoluaient dans ce domaine tout en ignorant pas Dieu.

Ils croyaient toujours qu'un jour ça va aller. Ils ont été stoïque avec une bravoure déterminant comme le sigle de la détermination JE VEUX, JE PEUX, JE VAIS ET JE DOIS le faire. Donc pour eux, ils voulaient, pouvaient, allaient et devaient avoir tout ceux dont ils ont besoin dans la politique.

En politique il faut s'attendre à tout, les envoutements, la sorcellerie, la médisance à titre illustratif. Le jour est là, le jour qu'ils attendaient tous est là, le jour où ils se voyaient aux anges est là. Mais une chose est absolu l'argent n'est jamais égale à l'amour de la même manière que l'amour n'est pas égale à l'argent. Ils ont beau faire pour nous offrir la vie que nous méritons ; ils ont faire à ce que nous ne manquions de rien. Mais au final, il y a quelque chose d'important qui du moins nous a manqué. Cette chose est assez ou que dis-je très important dans la vie de tout enfant au monde. C'est chose, cette chose là c'est... vous savez, on peut tout avoir dans ce monde de pervers. De l'or, diamant, l'argent si possible tout le monde entier à ses pieds et peut ne pas être heureux ou heureuse parce qu'il nous manque juste, juste, juste de... du calme allons y doucement chers lecteurs. Cette chose s'agit belle et bien de l'amour mais pas de n'importe quel amour mais de l'amour parental pour grandir non seulement pour grandir mais aussi pour savoir là où il faut poser ses pieds sur cette terre en plus savoir se construit et bien entendu savoir vivre avec les lois de la nature afin que la vie nous soit légère et facile. Ce qui nous manquait était cet amour-là, amour parental. On n'a pas su profiter de l'amour de nos parents à cause de la politique, le phénomène destructeur de vie de famille. Mais déjà qu'ils ne savaient pas que quelque chose qui n'a pas de dents allait mordre vigoureusement, il nous taille toujours moins d'importance. Le jour est enfin là. C'est le jour de l'élection législative. Ils ont eux aussi proposé des candidats à cette élection qui au final les as trahis car cet ignoble soi-disant Honorable allait donner une somme de cinq millions seulement au candidat sans que ce dernier ne dise rien à mes parents. C'est cela les trahisons, c'est des pures trahisons. Au finish, il faut les comprendre ces voleurs, brigand et si possible arnaqueur car c'est ce dernier (honorable) qui leurs a remis l'argent en guise de faire du mal aux miens. Parce que si mes parents continuent à travailler avec lui sur cette allure ils finiront par lui arracher son parti politique (sa pensé). Loin de là, il va organiser un meeting en guise de rencontré la population. Une fois fait, il cria haut effort le nom des miens, nom sacré, nom responsable, nom digne de nom. Ils se levaient tous les deux comme quelqu'un qui vont être encouragé pour l'effort qu'ils ont fourni. Hélas, ils se sont trompés. Putain de merdre qu'il est, bon à rien (BAR) qu'il est, commence par dire : « que me veulent-ils ce mari et femme ? Qu'est-ce que j'ai pu faire pour qu'ils en arrivent là avec moi ? J'ai réussi à leurs faits ça. Quand on fait de la politique, on y gagne. Mais j'ai absolument tout fait pour qu'ils en perdent et c'est bien fait pour vous ». Voilà les propos que ce soi -disant honorable à tenir envers mes parents. Vous imaginez la honte ils ont dû subir ? Le pire de tout ceci c'est que vous subissez toutes ces hontes devant vos ennemis politiques qui voulaient à tout prix vous voir échouer ? À ces mots, ils ne savent plus quoi faire ni comment soulever les pas pour regagner la maison. Mais tôt ou tard, ils finiront par quitter cet endroit maudit. Mais de préférence, ils ont voulu partir un peu plus tard en vue que tous les autres puissent rentrer chez eux. Une fois après avoir regagné la maison, la pauvre (ma mère) ne sait plus s'il faut pleurer ou rire car tout ce qu'elle a subi parait devant elle comme des séries de film ou encore de feuilleton. Sous le chagrin de la colère, elle commença à le maudit avec toute sorte de prière malsain pendant deux bonnes années.

Deux ans après, c'est l'élection présidentielle. C'est à cette époque ce vaillant et digne fils de son père et sa mère née dans son pay s natal le Benin et quitté le pay s comme en étant comme un esclave. Il fuyait son pays à cause des conflits politiques avec le gouvernement en place de ce temps. Nous n'irons pas plus loin dans cette affaire de politique on arrête là. La vie des politiciens ne m'intrigue guère.

Après son retour dans le pay s, il a voulu être aussi parmi les candidats qui veulent se présenter aux élections afin de participer au développement de son pay s. Comment un homme d'affaire peut-il vouloir être le président d'un pay s ? Si bien qu'il n'est pas politicien ? Va-t-il réussir son règne ? Peut-être oui ou peut être non ? Seul le temps nous le dira. Après le premier tour à l'élection, il fut donc le deuxième et doit donc affronter le premier au second tour. Le second tour qu'il va gagner sans amertume. Tellement mes parents sont contents parce que leur candidat a été élu comme président de la république. Mais pourtant cela ne va rien changer en ce qui concerne leur condition de vie. Pourtant, ils vont encore soufrèrent pendant une bonne année si bien qu'ils se sont estimés heureux dans le temps. La question qui me traverser l'esprit dans le temps étais de savoir s'ils sont faits pauvre pour mourir pauvre ? La réponse à cette question seul Dieu pouvait me la donnée.

Un an après un moment de souffrance, la chance leur a enfin sourire elle commença une activité de vente de friperie qu'elle (ma mère) va à MISEBO prendre et ouvre une balle tout entière en son compte et puis revenais revendre en détaille en vue de gagner quelques bénéfices en raison de subvenir aux besoins de ses enfants. Une fois, deux fois, trois fois, quitté de la chance, la vie la sourire et maintenant ce plus pour un temps mais pour éternellement. Désormais elle a la capacité d'aller prendre une balle tout entière qu'elle revient à la maison avec afin de ne plus en perdre ceux du deuxième et troisième choix puis qu'elle-même s'occupe du premier choix. Donc elle revendait les deuxièmes et troisièmes choix aux revendeuses pour ne pas jeter ceux dont elle n'a pas besoin. Au jour le jour, d'un moment à un autre, son commerce prenait de l'envole et désormais elle devenu maintenant vendeuse de balle et c'est chez elle que des gens viennent ouvrir en quelque sorte de balle. Au moment et en temps venu, nous n'avons plus connut la pauvreté elle devenu une experte dans le domaine. Elle dispose donc un magasin de stockage de balle et a une boutique elle-même dans laquelle elle ouvre et revend elle-même pendant que d'autre viennent en acheter des balles.

Mon père quant à lui a été l'homme le plus courageux honnête et simple que je ne pense plus jamais en avoir mieux que lui ailleurs.

J'ai une question pour toi lecteur.

Selon toi qu'aurais tu faire si tu étais à la place de la mère de GBEMEHO si l'amour que tu as pour son père a pris cette tournure ?

Printed by Books on Demand GmbH, Norderstedt / Germany